工程制图习题集

许永年　谭琼　主编

清华大学出版社
北京

内容简介

《工程制图习题集》与由冯世瑶、刘新、李亚萍主编的《工程制图》教材配套使用。内容包括：制图的基本知识；制图的基本原理；基本体及其截交线；组合体的三视图；轴测图；工程形体的常用表达方法；常用工程图样介绍等。

适用于高等院校计算机、电子信息、电气工程、工程管理、应用理科类及相关专业使用，也可供高等专科学校及高等职业技术学院、网络大学、函授大学、职工大学等院校使用。

图书在版编目(CIP)数据

工程制图习题集/许永年，谭琼主编. —北京：清华大学出版社，2007.9(2024.8 重印)
ISBN 978-7-302-15431-0

Ⅰ. 工…　Ⅱ. ①许…　②谭…　Ⅲ. 工程制图—习题　Ⅳ. TB23-44

中国版本图书馆 CIP 数据核字(2007)第 085788 号

责任编辑：梁　颖
责任校对：白　蕾
责任印制：曹婉颖

出版发行：清华大学出版社
网　　址：https://www.tup.com.cn，https://www.wqxuetang.com
地　　址：北京清华大学学研大厦 A 座　　邮　　编：100084
社 总 机：010-83470000　　邮　　购：010-62786544
投稿与读者服务：010-62776969，c-service@tup.tsinghua.edu.cn
质量反馈：010-62772015，zhiliang@tup.tsinghua.edu.cn

印 装 者：天津安泰印刷有限公司
经　　销：全国新华书店
开　　本：260mm×185mm　　印　　张：12.5　　字　　数：145 千字
版　　次：2007 年 9 月第 1 版　　印　　次：2024 年 8 月第 15 次印刷
定　　价：39.00 元

产品编号：022485-02

前　言

本书与冯世瑶、刘新、李亚萍主编的《工程制图》教材配套使用，适用于高等院校计算机、电子信息、电气工程、工程管理、应用理科类及相关专业。

为便于组织教学，本书的选题范围和编排次序与教材各章保持一致。在内容的选择上力求符合认识规律，由易到难，由空间形体到平面视图，再由平面视图到空间形体；采用多种题型，使学生通过作业提高画图和读图能力。使用本书时，教师可根据专业要求对练习的数量作必要的调整；学生在做作业时，除要求画徒手图以外，所有题目均要求用铅笔、三角板、圆规等绘图工具按规定的线型准确作图。

参加编写本书的有：许永年（第1、2章）、李亚萍（第3、4章）、刘新（第5章）、冯世瑶（第6章）和谭琼（第7章）等。袁静芳同志为本书作了部分图形的绘制和文字录入打印等工作，在此表示感谢。

本书由许永年、谭琼主编，武汉大学丁宇明教授主审。由于编者水平有限，本书难免有不妥之处，请读者批评指正。

编　者

2007年2月

目　录

第 1 章　制图的基本知识

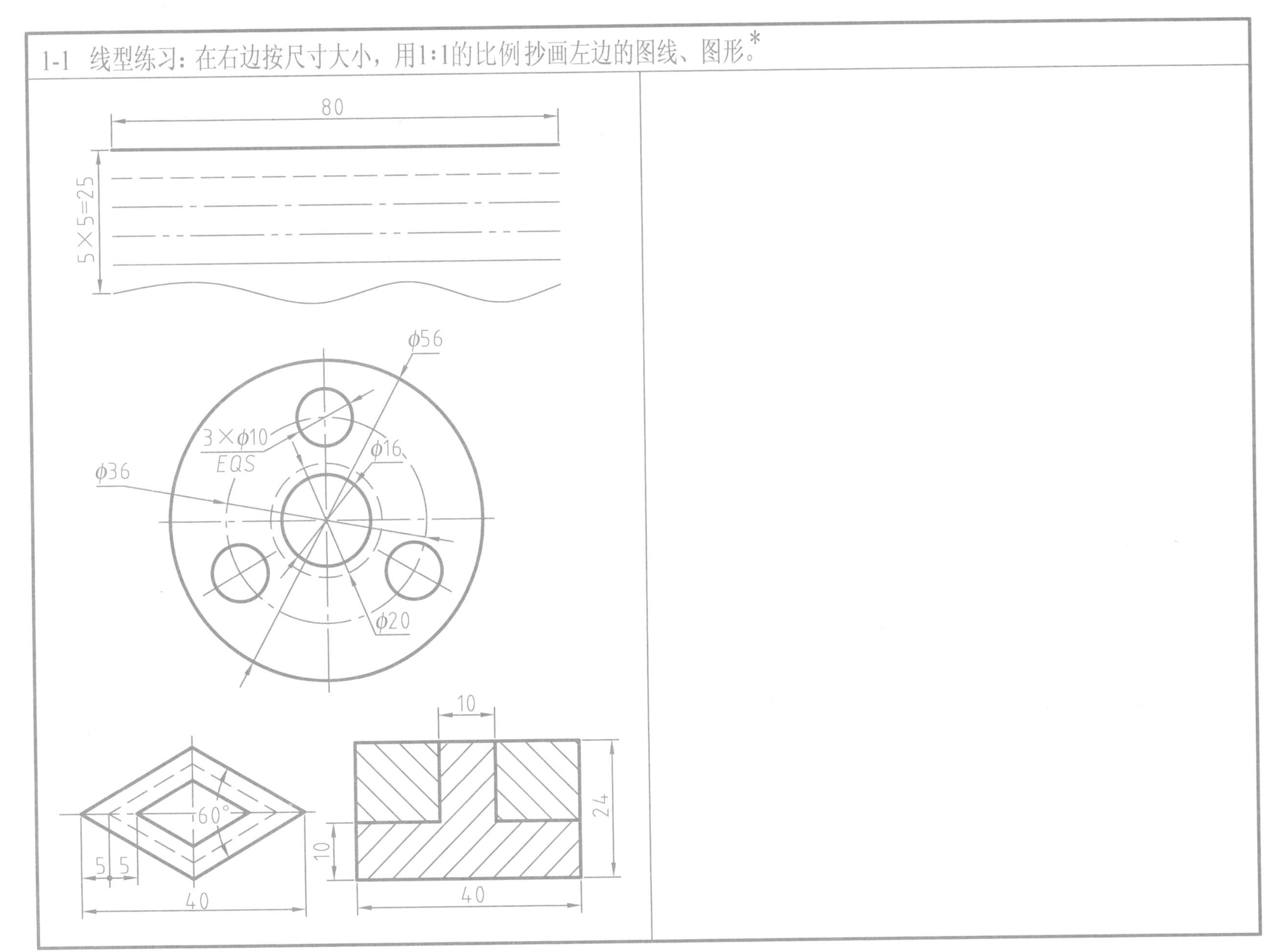

*题 1-1 和 1-2 可分别画出，也可将题 1-1 取 2∶1 比例及题 1-2 取 1∶1 比例用 3 号纸画出。 班级 姓名

1-2 圆弧连接：按尺寸大小，用1:2的比例在右边空白处抄画左边的图形。

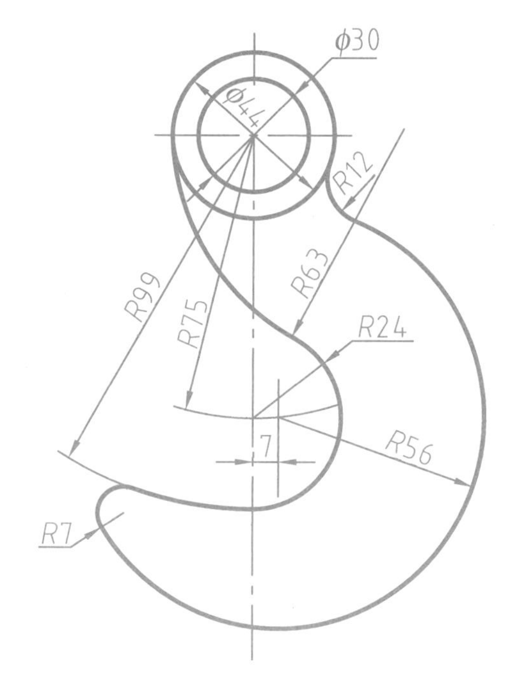

班级　　　　姓名

1-3 按1:1的比例用所给尺寸完成下列图形的线段连接，标出连接圆弧的圆心和连接点。

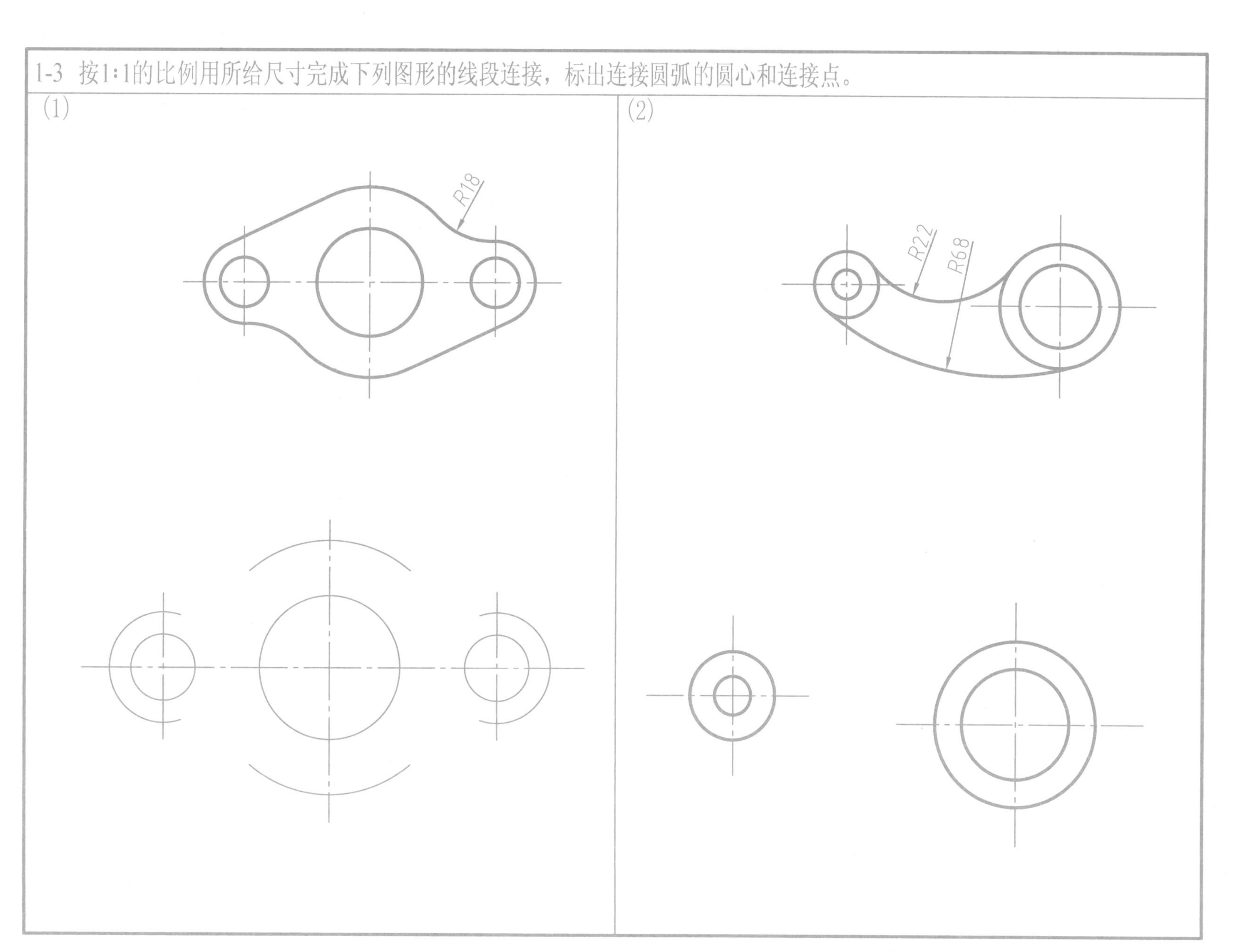

班级 姓名

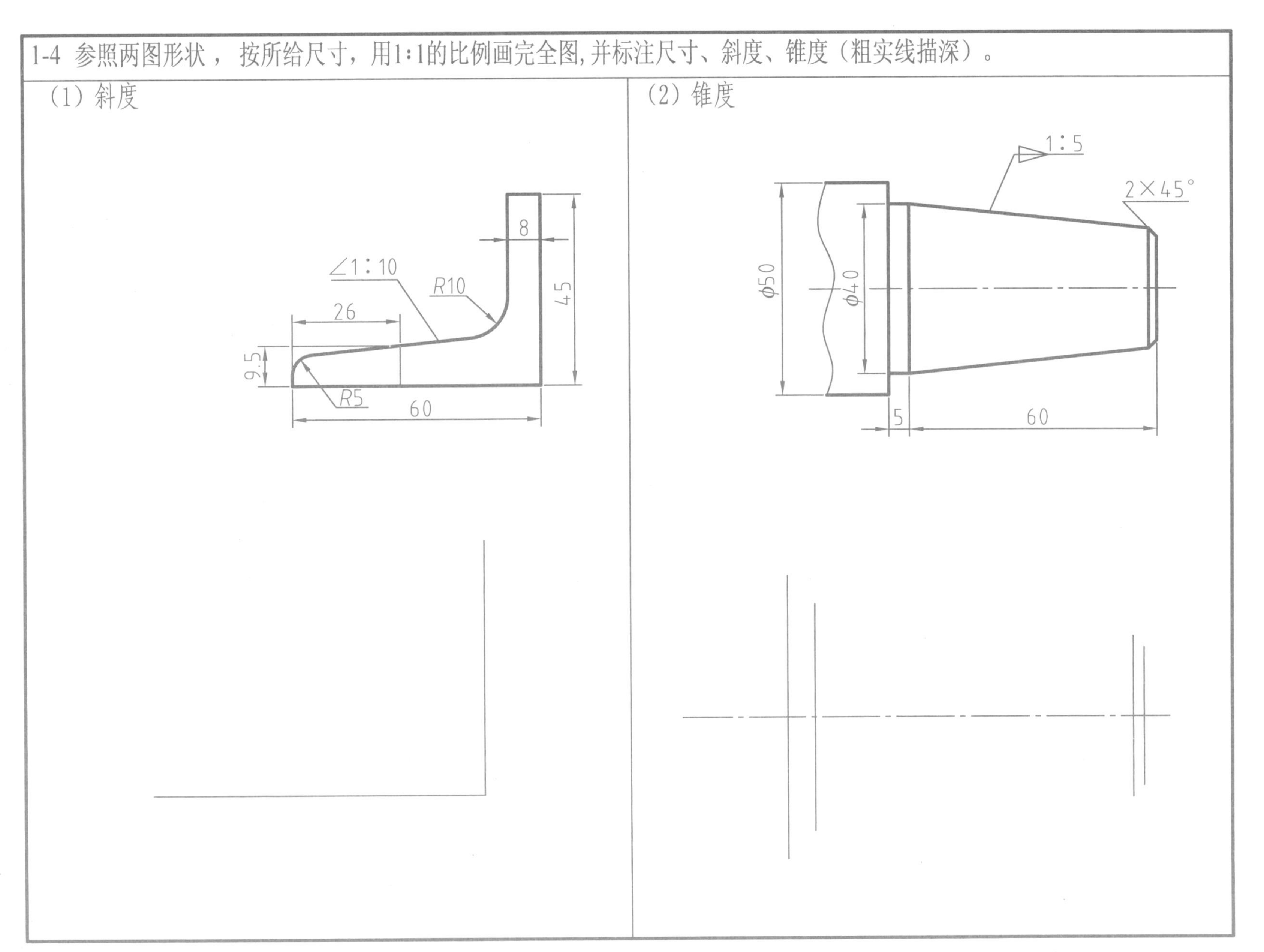
1-4 参照两图形状，按所给尺寸，用1:1的比例画完全图,并标注尺寸、斜度、锥度（粗实线描深）。
(1) 斜度
(2) 锥度
8
45
∠1:10
R10
26
9.5
R5
60
1:5
2×45°
φ50
φ40
5
60

班级　　　　姓名

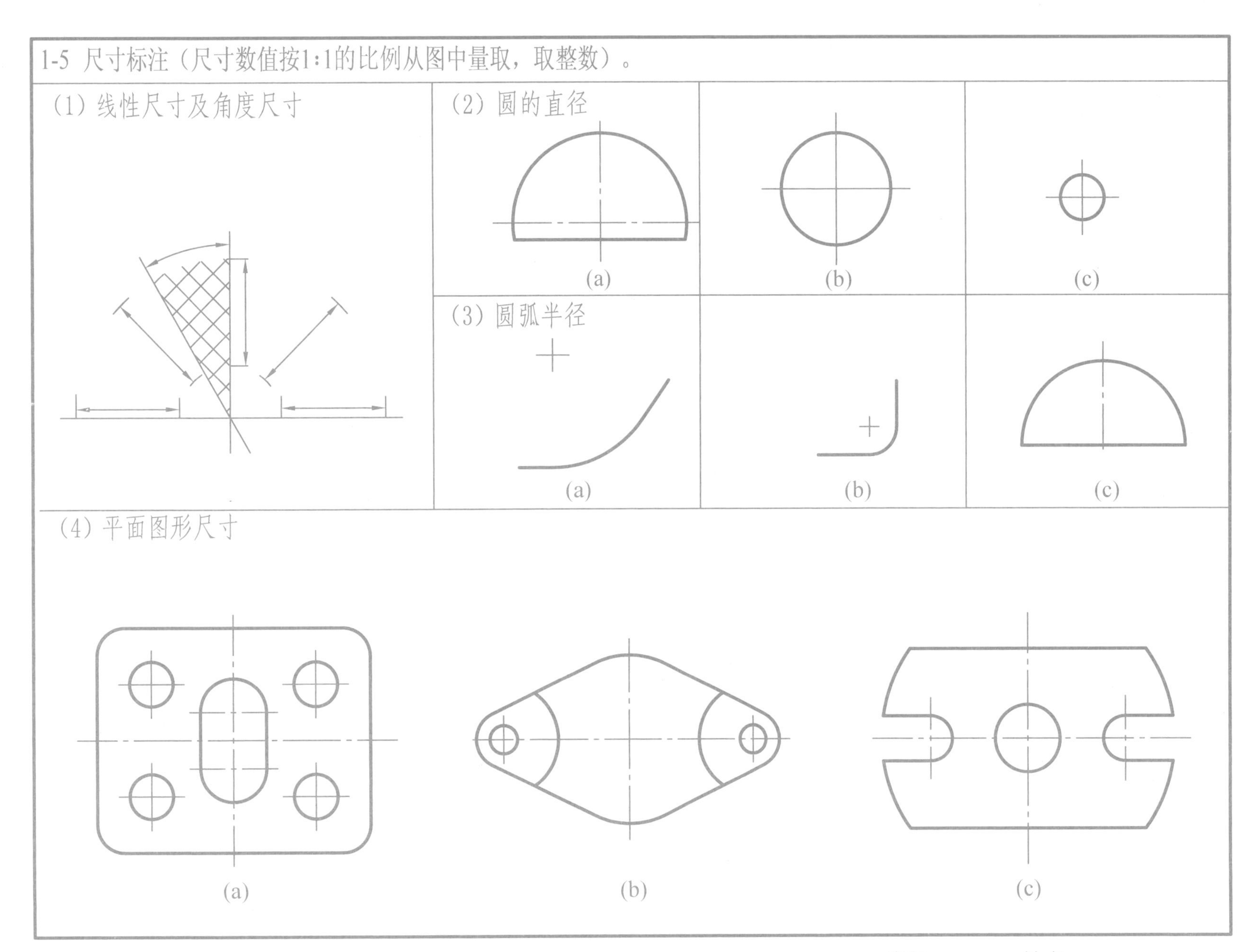
1-5 尺寸标注（尺寸数值按1:1的比例从图中量取，取整数）。
(1) 线性尺寸及角度尺寸
(2) 圆的直径
(a)
(b)
(c)
(3) 圆弧半径
(a)
(b)
(c)
(4) 平面图形尺寸
(a)
(b)
(c)

1-6 找出下列图形中尺寸标注的错误（在其上打×），并将修正后图形的全部正确尺寸标注在各自的空白图上。

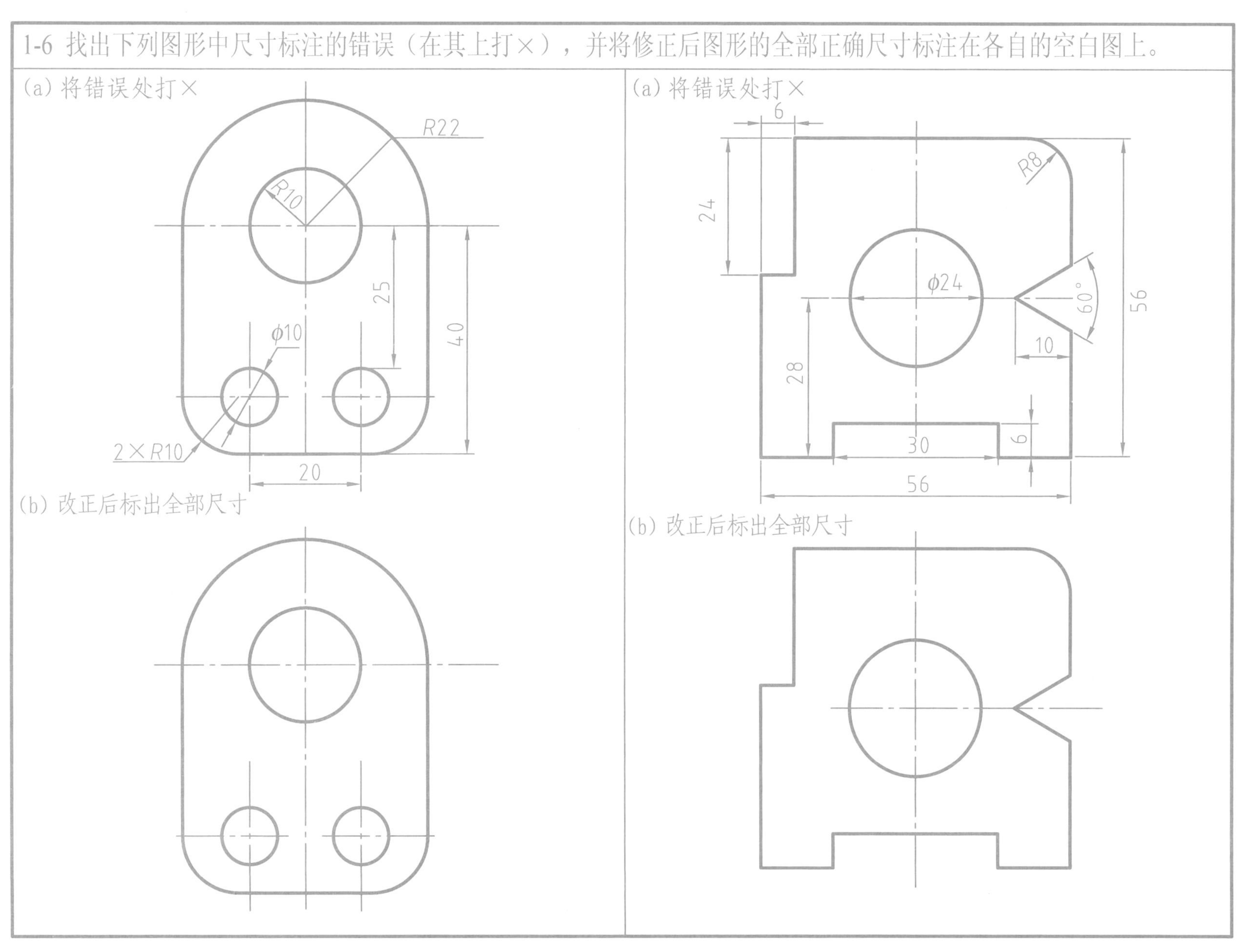

班级　　　　姓名

1-7 草图练习：在坐标格子上徒手画出下列平面图形和尺寸。

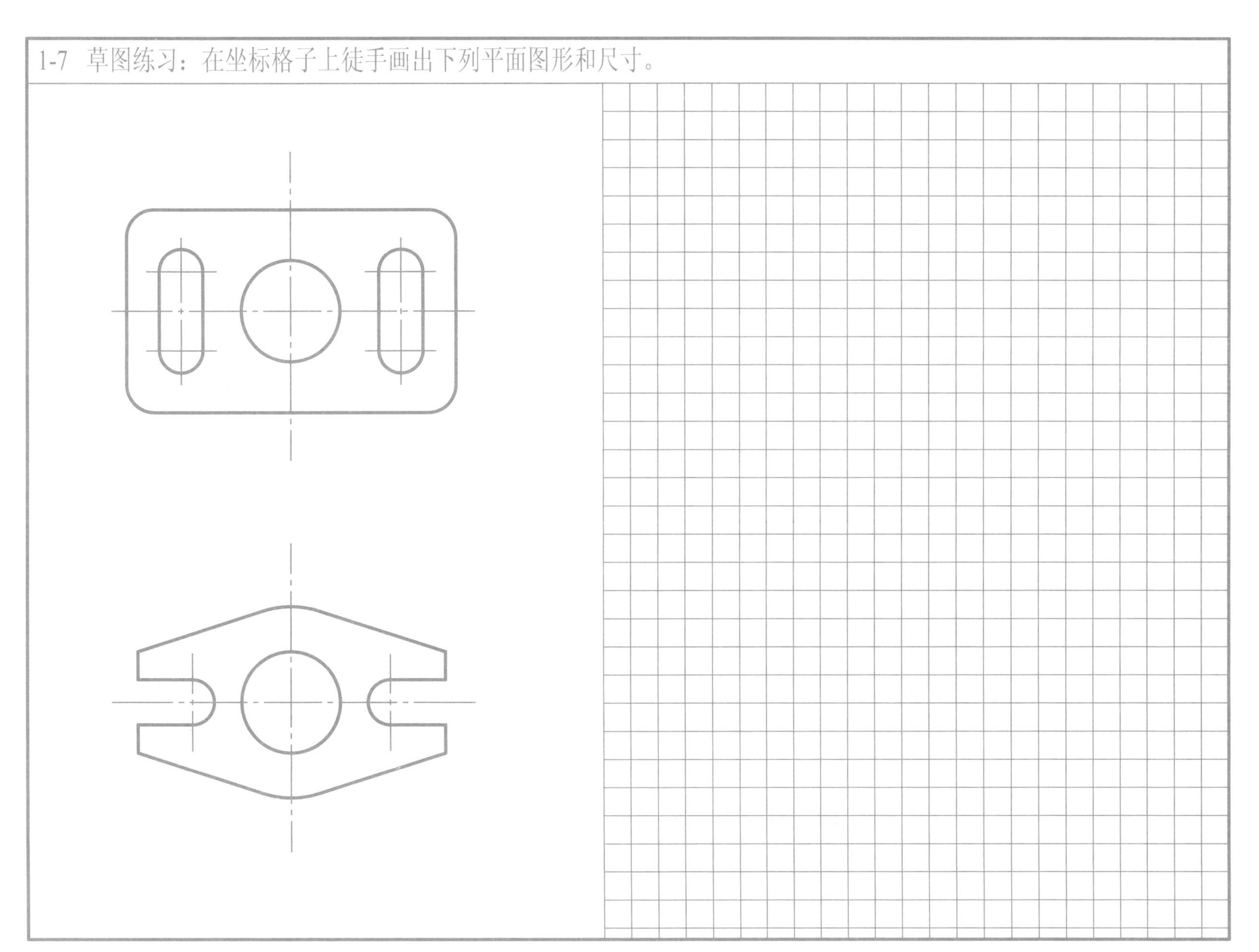

班级　　　　姓名

第 2 章　制图的基本原理

2-1 根据轴测图求作各点的投影图。

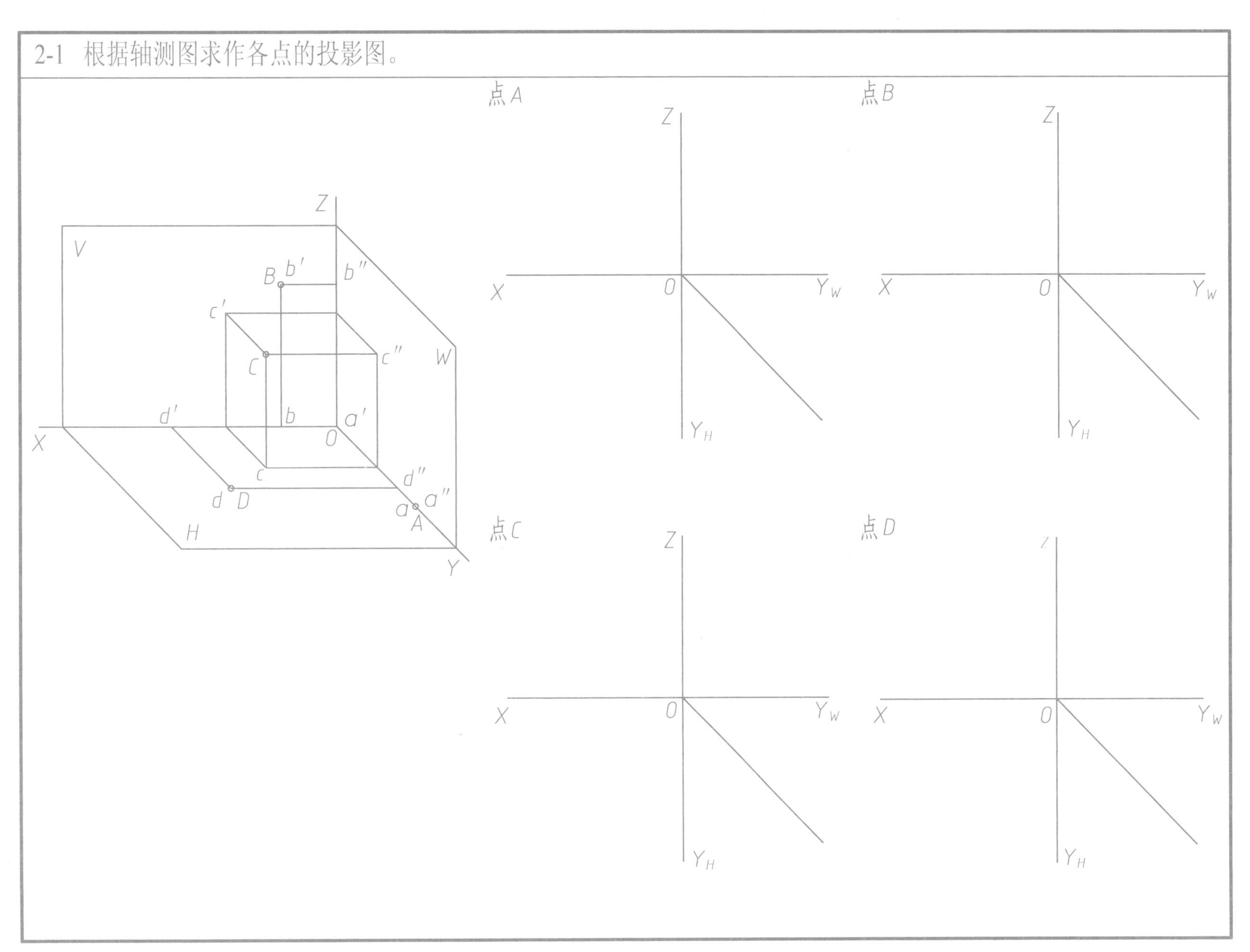

2-2 已知点A、B的两投影，求作它们的第三投影。

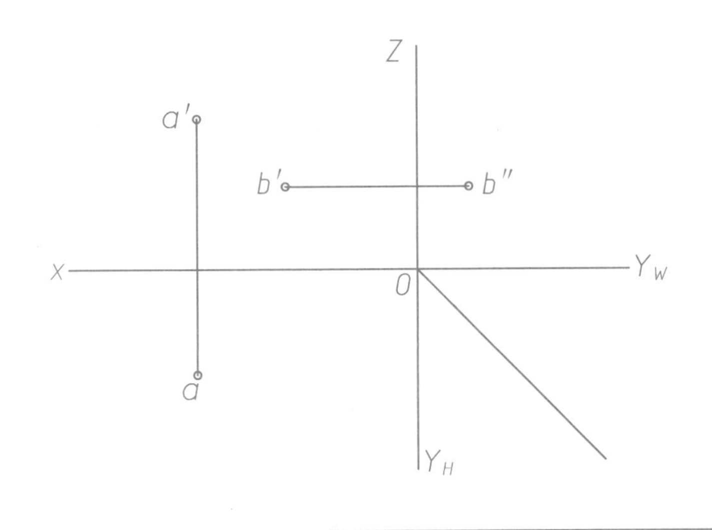

2-3 试回答下列各点在哪个投影面或投影轴上。

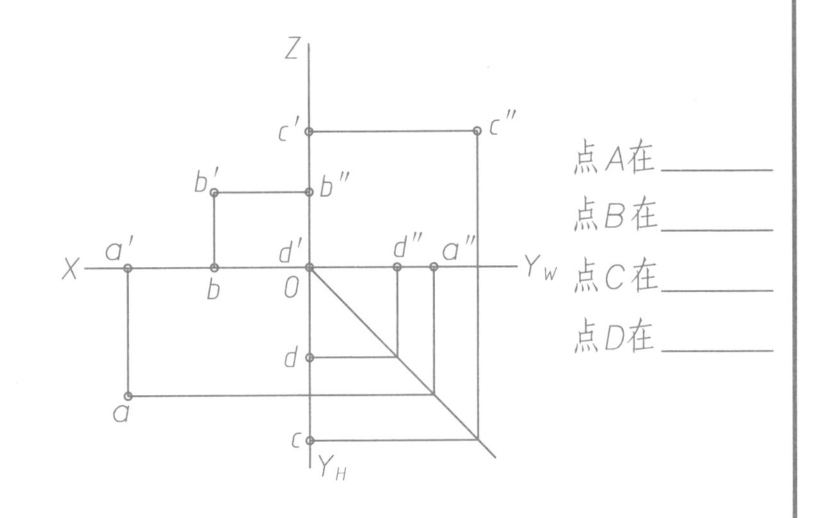

2-4 作出点A(15，20，25)的三面投影。

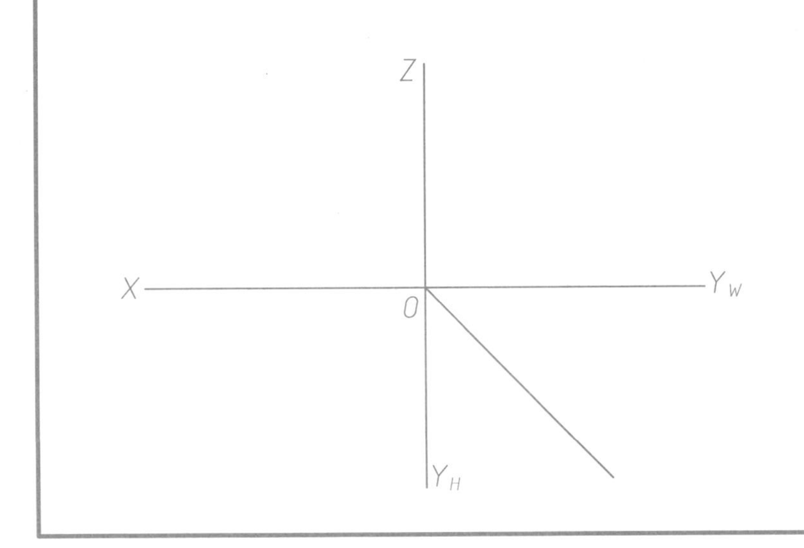

2-5 点B在点A的正前方10mm，求作点B的三面投影，并判别可见性。

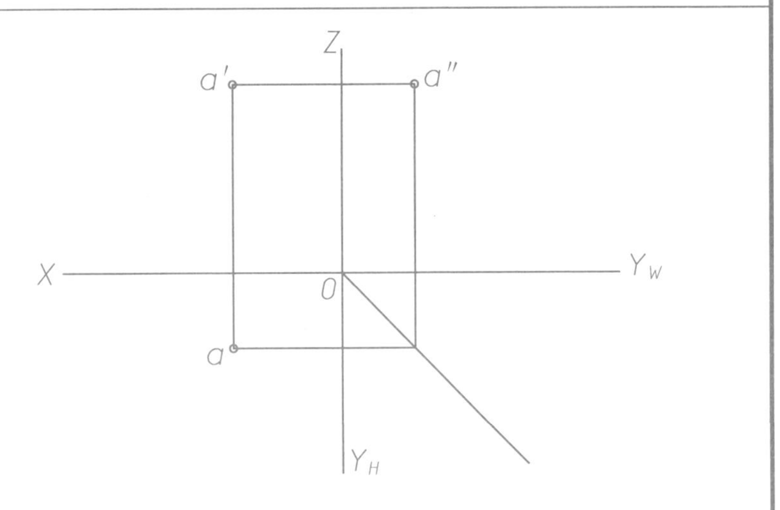

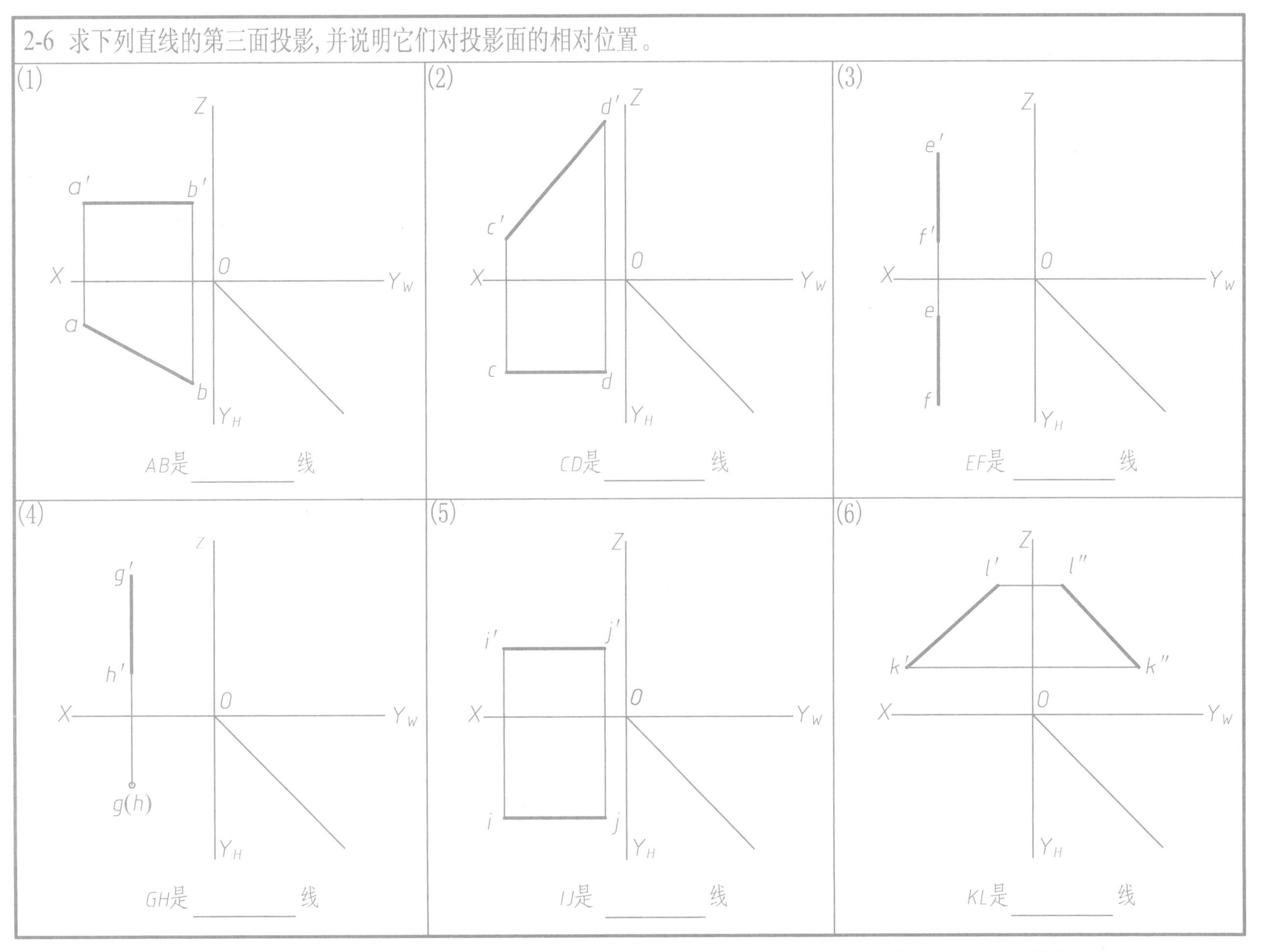
2-6 求下列直线的第三面投影，并说明它们对投影面的相对位置。
(1)
Z
a′
b′
X
O
Y_W
a
b
Y_H
AB是________线
(2)
d′
Z
c′
X
O
Y_W
c
d
Y_H
CD是________线
(3)
Z
e′
f′
X
O
Y_W
e
f
Y_H
EF是________线
(4)
Z
g′
h′
X
O
Y_W
g(h)
Y_H
GH是________线
(5)
Z
i′
j′
X
O
Y_W
i
j
Y_H
IJ是________线
(6)
Z
l′
l″
k′
k″
X
O
Y_W
Y_H
KL是________线

班级　　　　姓名

2-7 对照投影图和轴测图，标出字母所指直线在对应图上的投影，并填空回答问题。

(1)标出轴测图上AB、BC、… 线段在三视图中的投影，并填写空白。

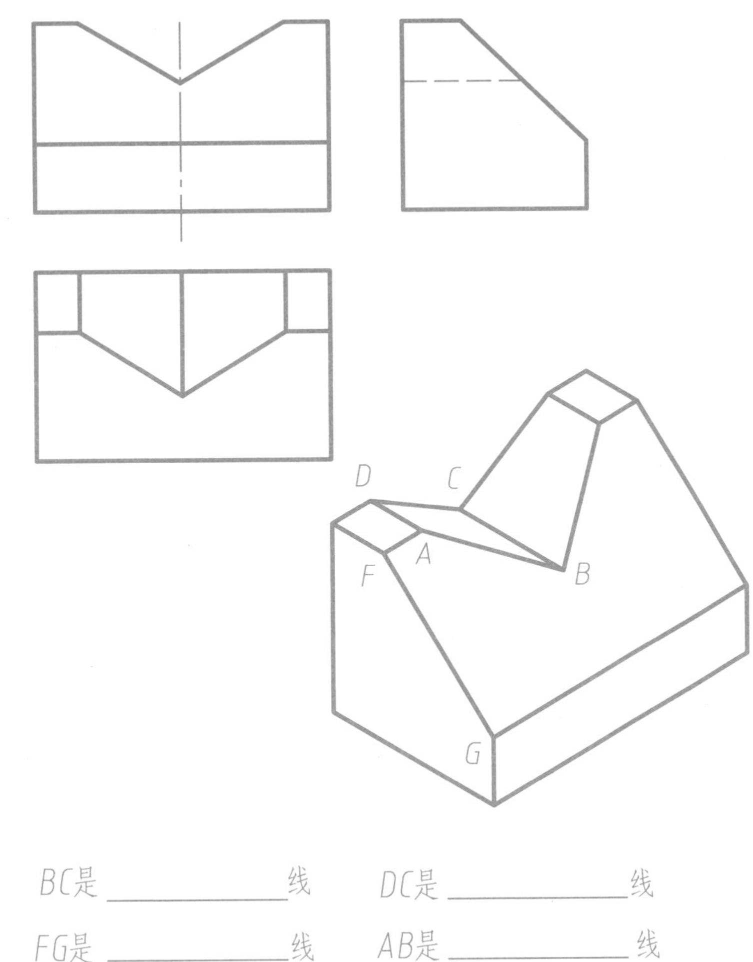

BC是 ____________ 线　DC是 ____________ 线

FG是 ____________ 线　AB是 ____________ 线

(2)标出AB、BC、… 线段的第三投影，用相应字母标注在轴测图上，并填写空白。

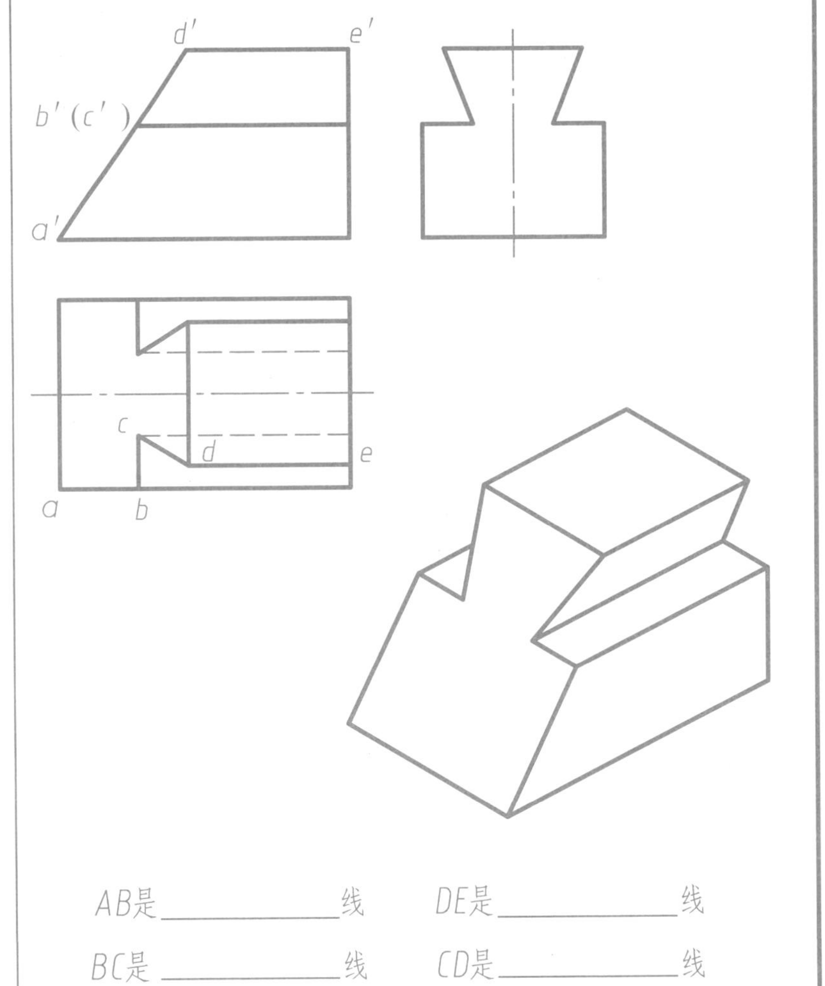

AB是 ____________ 线　DE是 ____________ 线

BC是 ____________ 线　CD是 ____________ 线

2-8 求下列直线的第三面投影，并判别两直线的相对位置(平行、相交、交叉)。

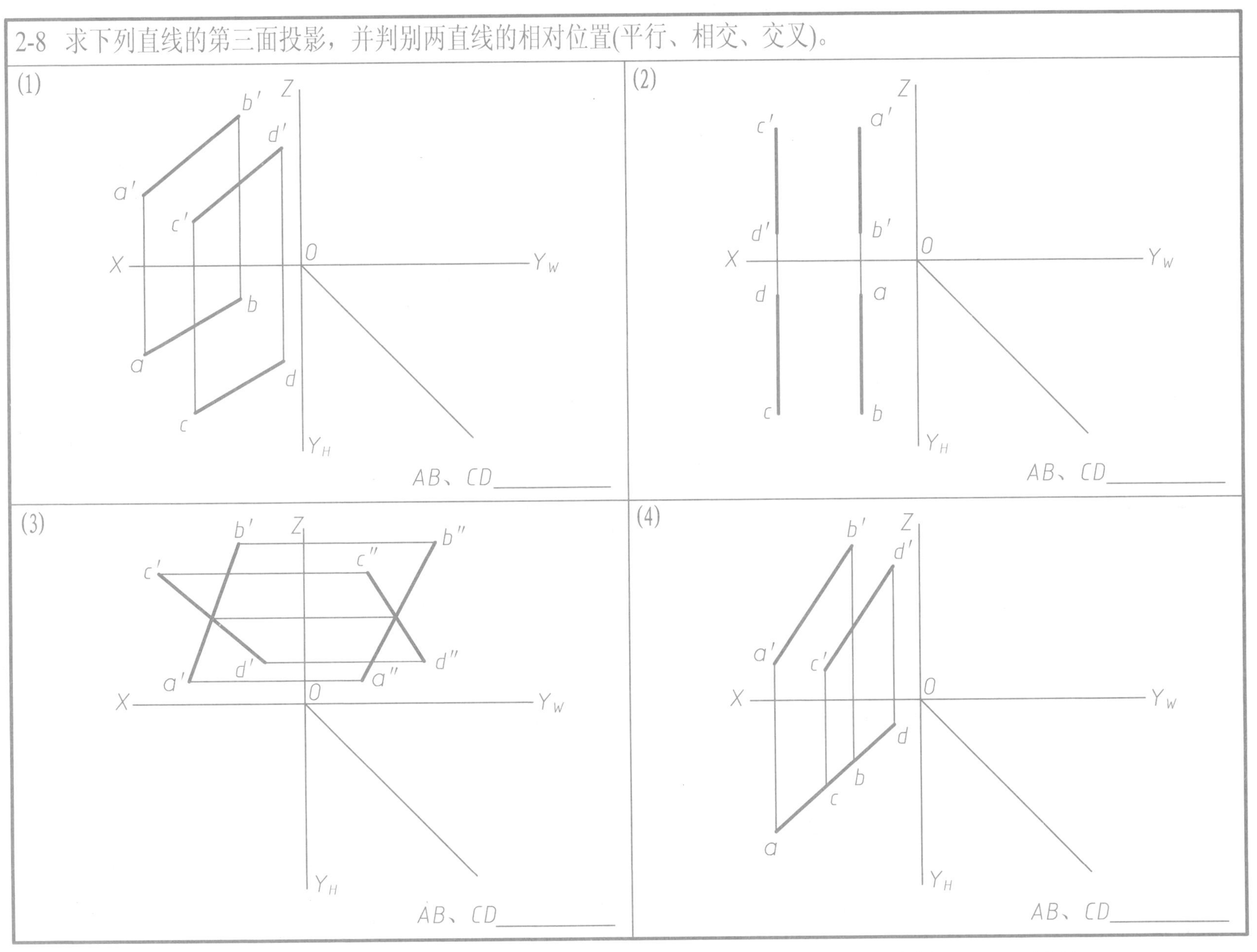

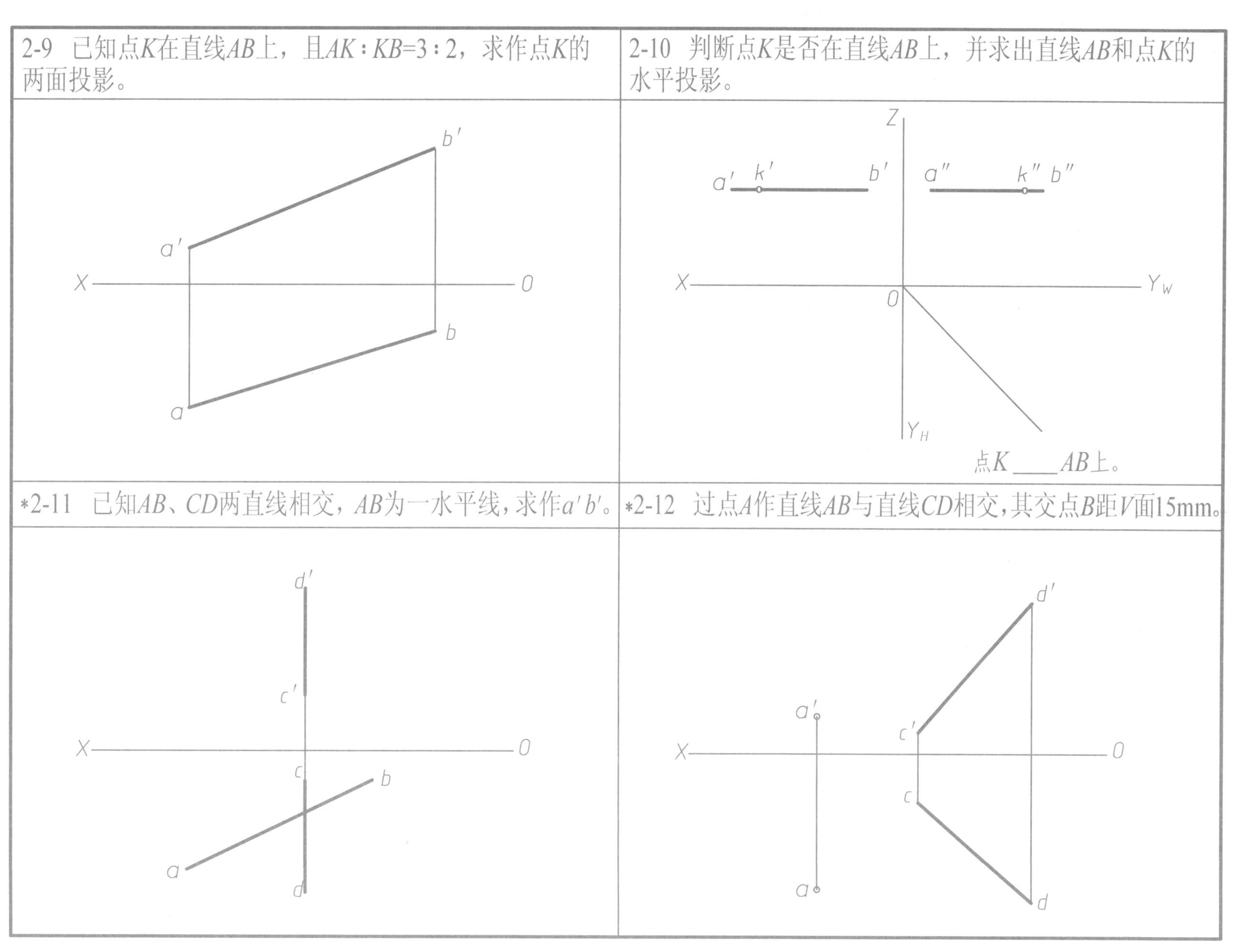
2-9 已知点K在直线AB上，且AK∶KB=3∶2，求作点K的两面投影。
b′
a′
X
O
b
a
2-10 判断点K是否在直线AB上，并求出直线AB和点K的水平投影。
Z
a′
k′
b′
a″
k″
b″
X
Y_W
O
Y_H
点K ____ AB上。
*2-11 已知AB、CD两直线相交，AB为一水平线，求作a′b′。
d′
c′
X
O
c
b
a
d
*2-12 过点A作直线AB与直线CD相交，其交点B距V面15mm。
d′
a′
c′
X
O
c
a
d

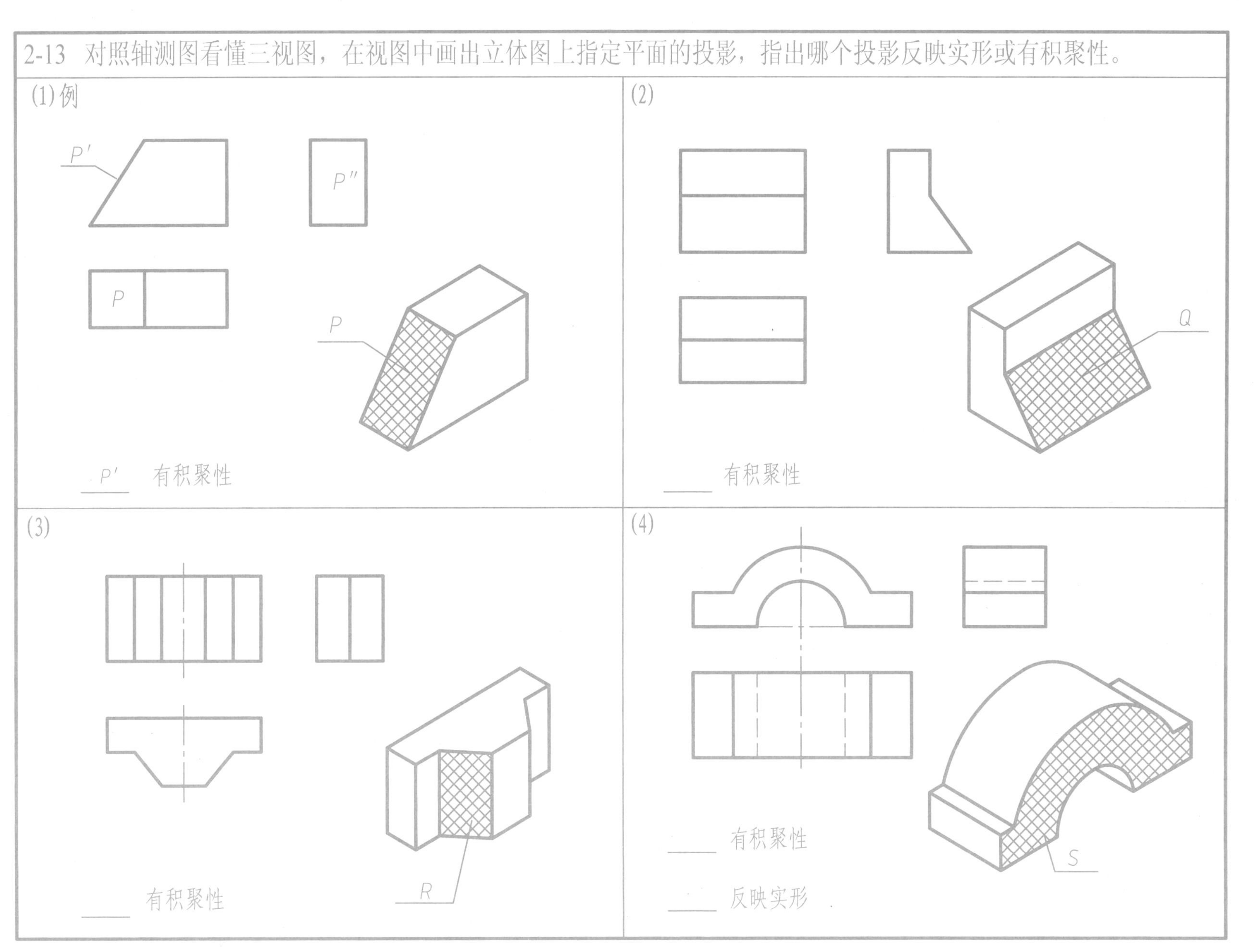
2-13 对照轴测图看懂三视图，在视图中画出立体图上指定平面的投影，指出哪个投影反映实形或有积聚性。
(1)例
P′
P″
P
P
P′ 有积聚性
(2)
Q
有积聚性
(3)
R
有积聚性
(4)
S
有积聚性
反映实形

2-14 求作下列物体的左视图，并在三视图中标出指定平面的投影，并填空回答指定平面的位置。

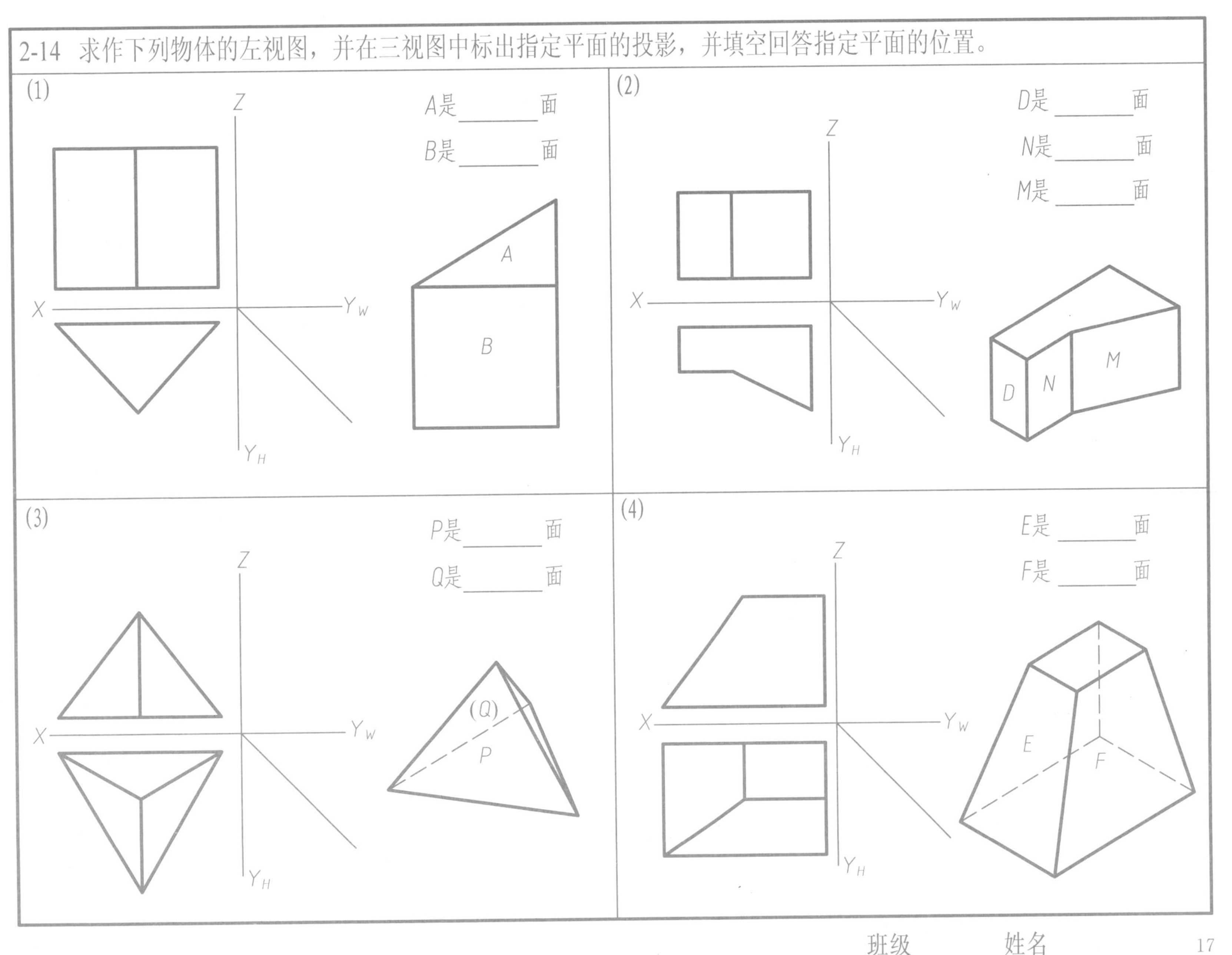

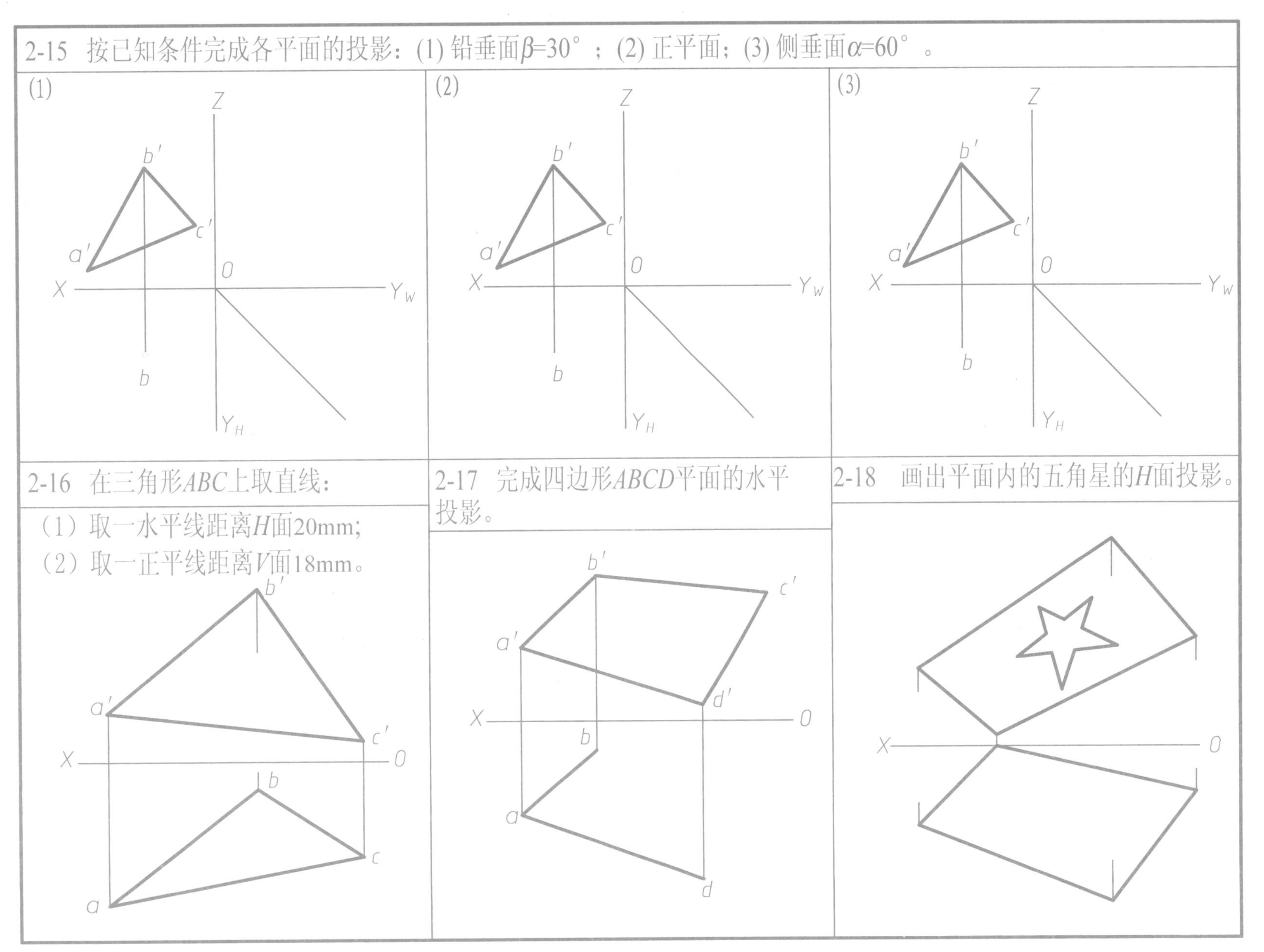
2-15 按已知条件完成各平面的投影：(1) 铅垂面β=30°；(2) 正平面；(3) 侧垂面α=60°。
(1)
(2)
(3)
Z
b′
c′
a′
O
X
Y_W
b
Y_H
2-16 在三角形ABC上取直线：
（1）取一水平线距离H面20mm;
（2）取一正平线距离V面18mm。
b′
a′
c′
X
O
b
c
a
2-17 完成四边形ABCD平面的水平投影。
b′
c′
a′
d′
X
O
b
a
d
2-18 画出平面内的五角星的H面投影。
X
O

2-19 根据平面图形的两个投影，求其第三投影，并判断该平面是何种位置平面。

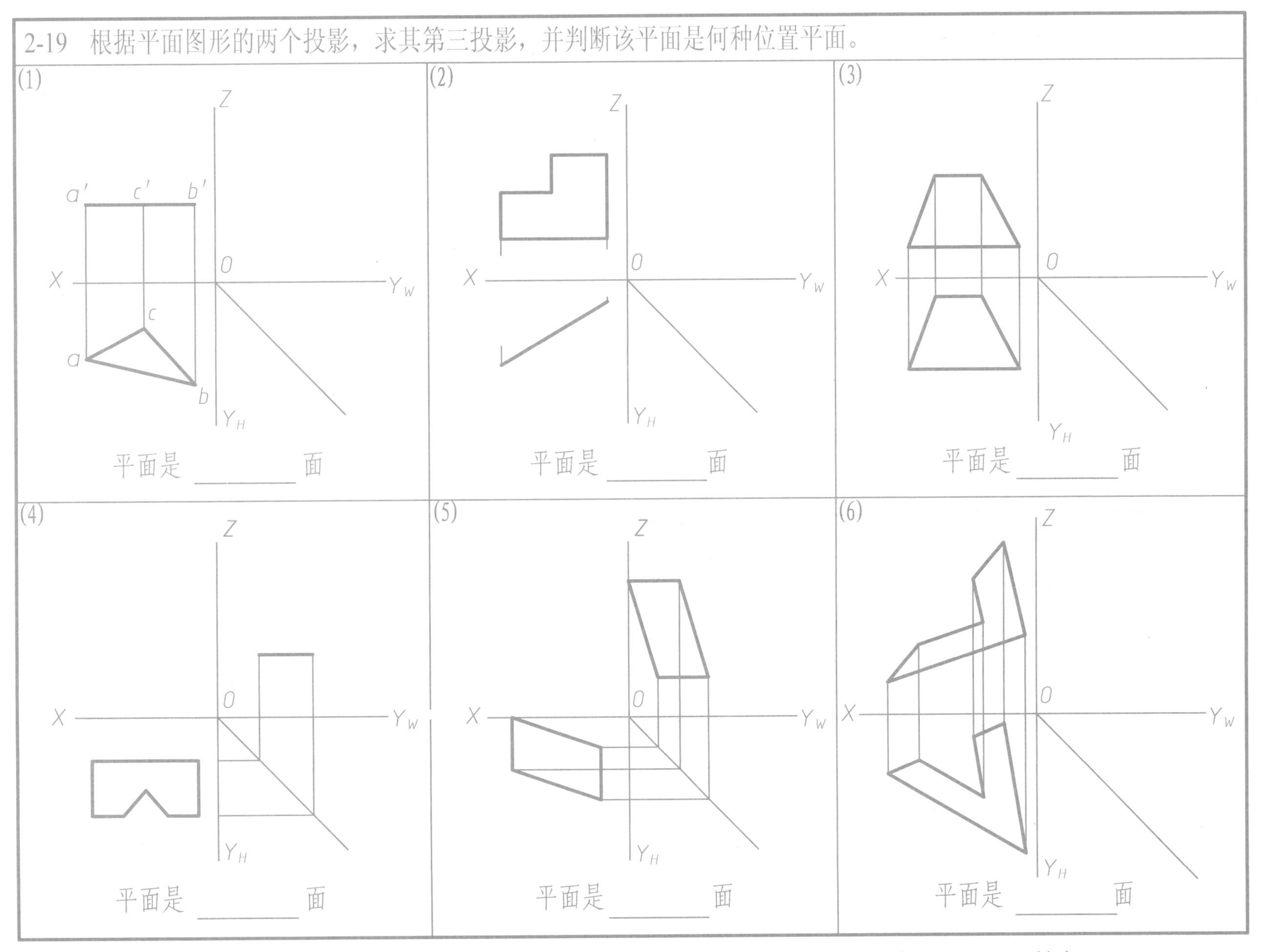

第 3 章　基本体及其截交线

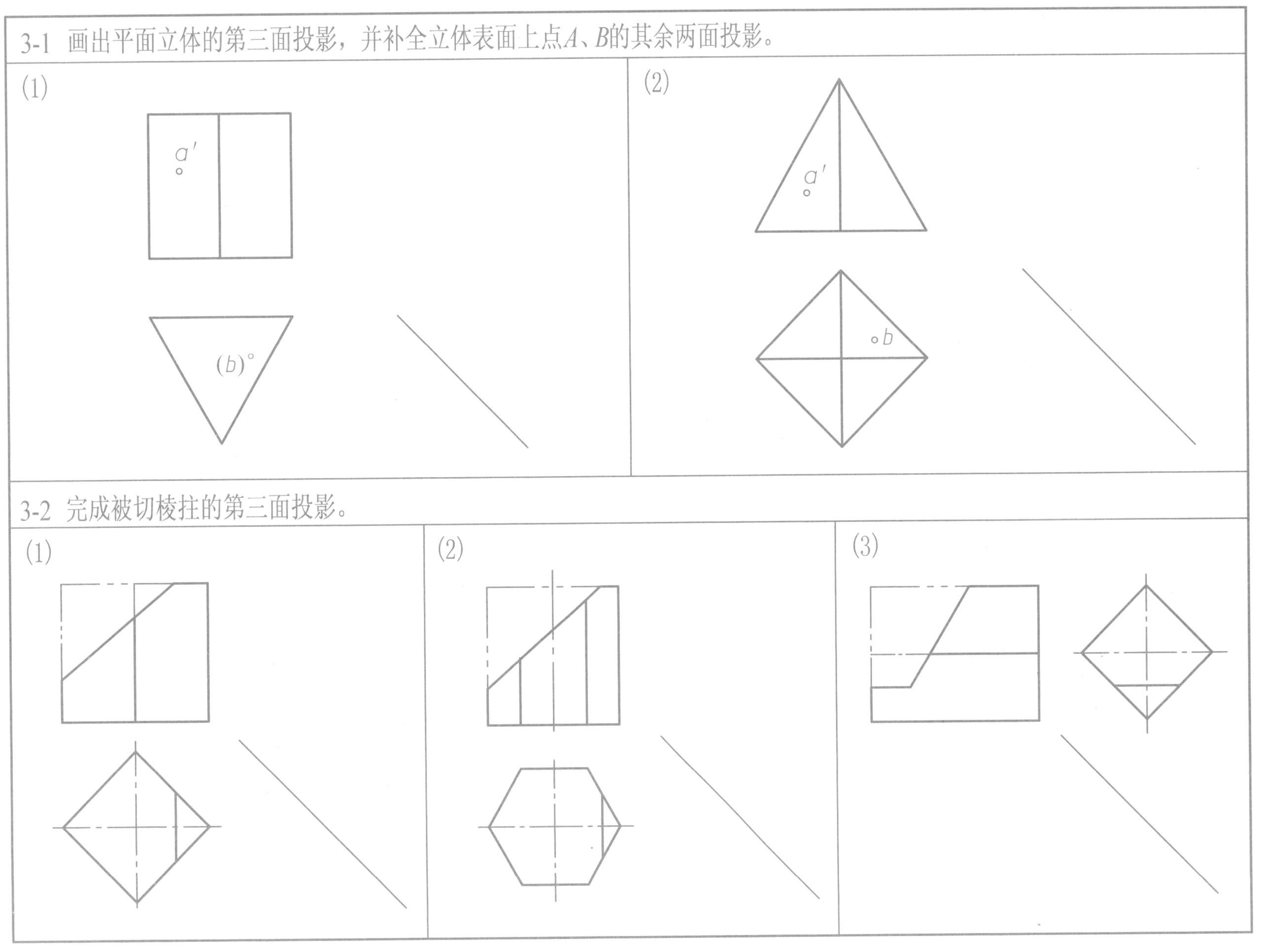
3-1 画出平面立体的第三面投影，并补全立体表面上点A、B的其余两面投影。
(1)
a'
(b)
(2)
a'
b
3-2 完成被切棱拄的第三面投影。
(1)
(2)
(3)

班级　　　　姓名

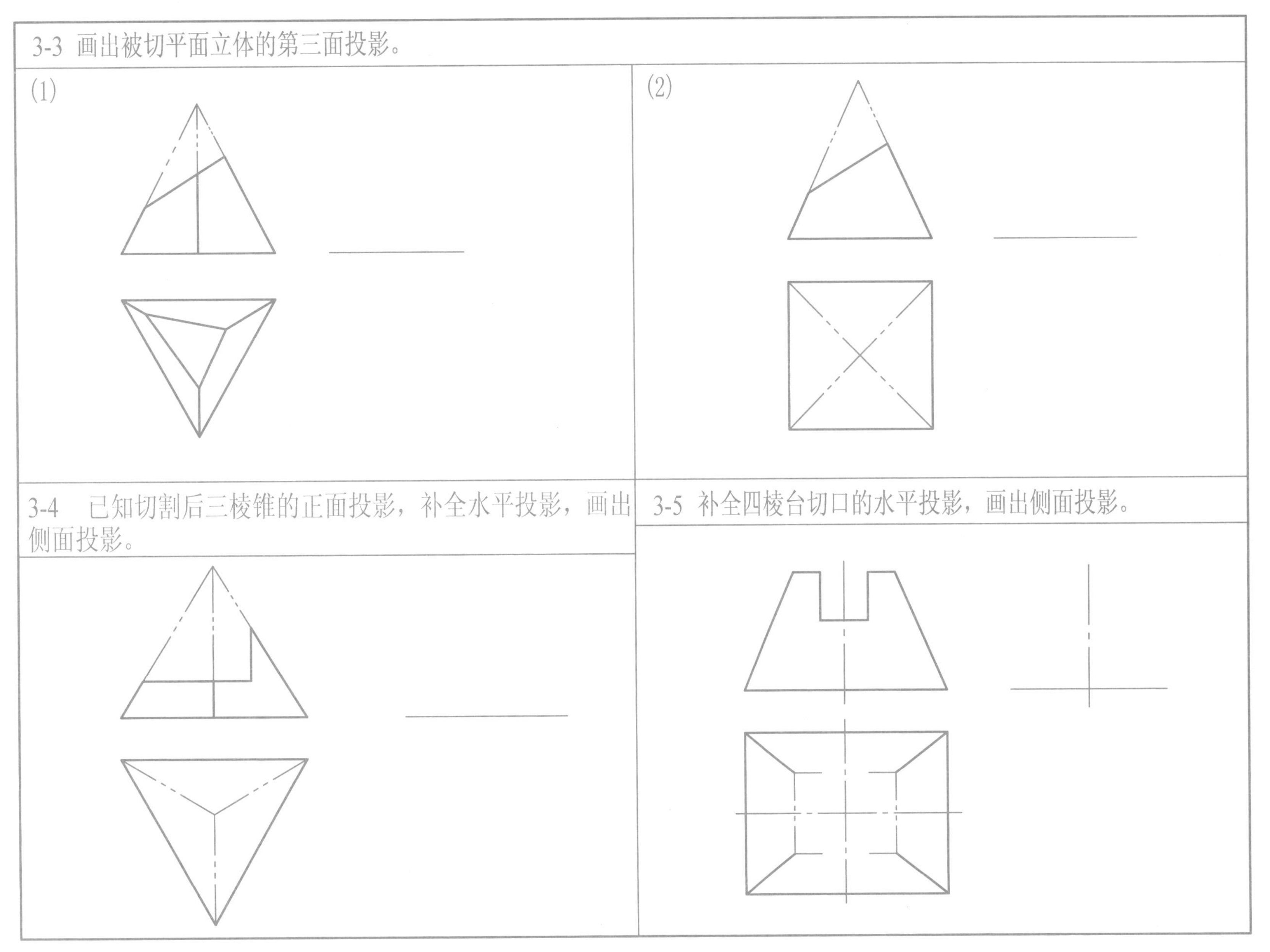
3-3 画出被切平面立体的第三面投影。
(1)
(2)
3-4 已知切割后三棱锥的正面投影，补全水平投影，画出侧面投影。
3-5 补全四棱台切口的水平投影，画出侧面投影。

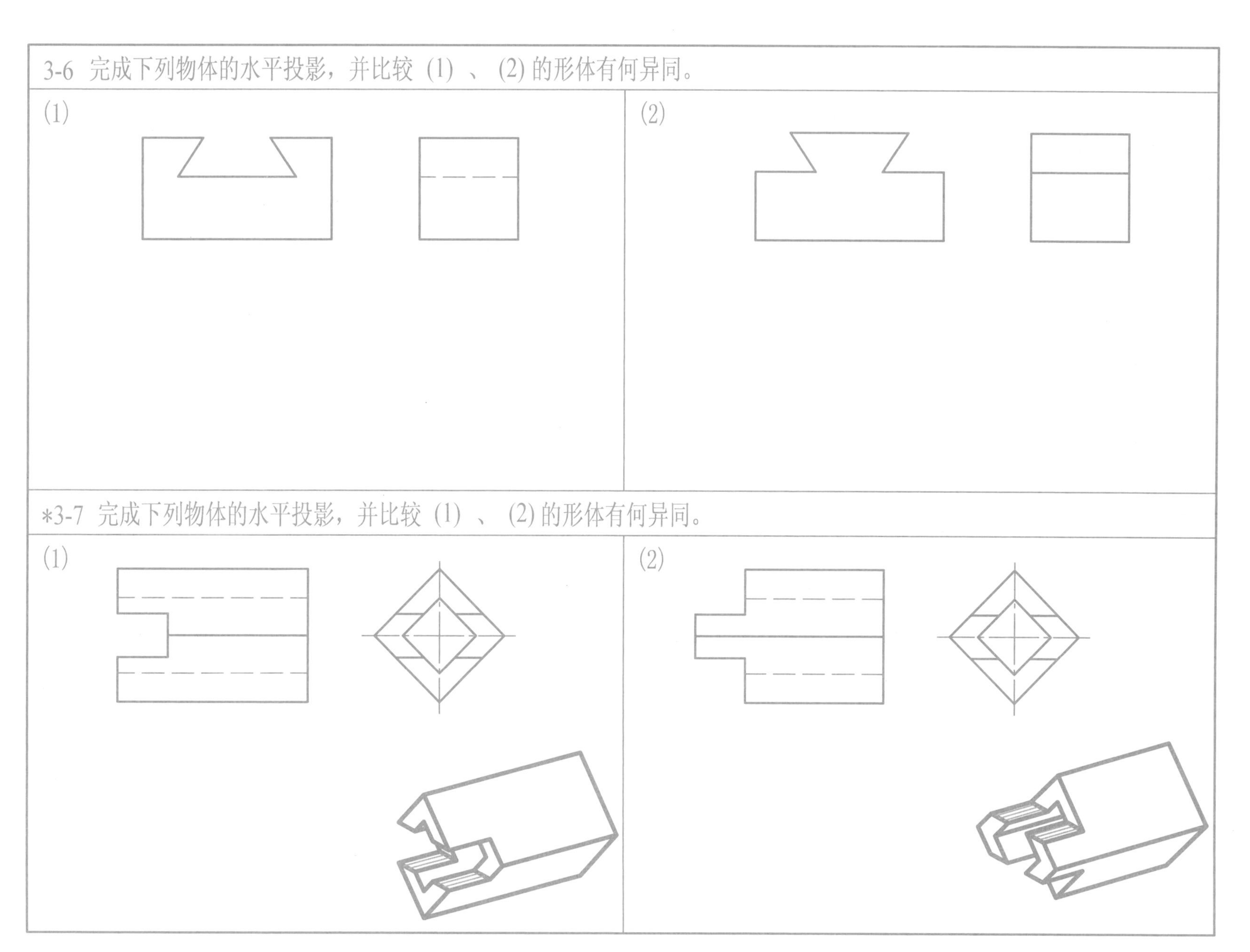
3-6 完成下列物体的水平投影，并比较（1）、（2）的形体有何异同。
(1)
(2)
*3-7 完成下列物体的水平投影，并比较（1）、（2）的形体有何异同。
(1)
(2)

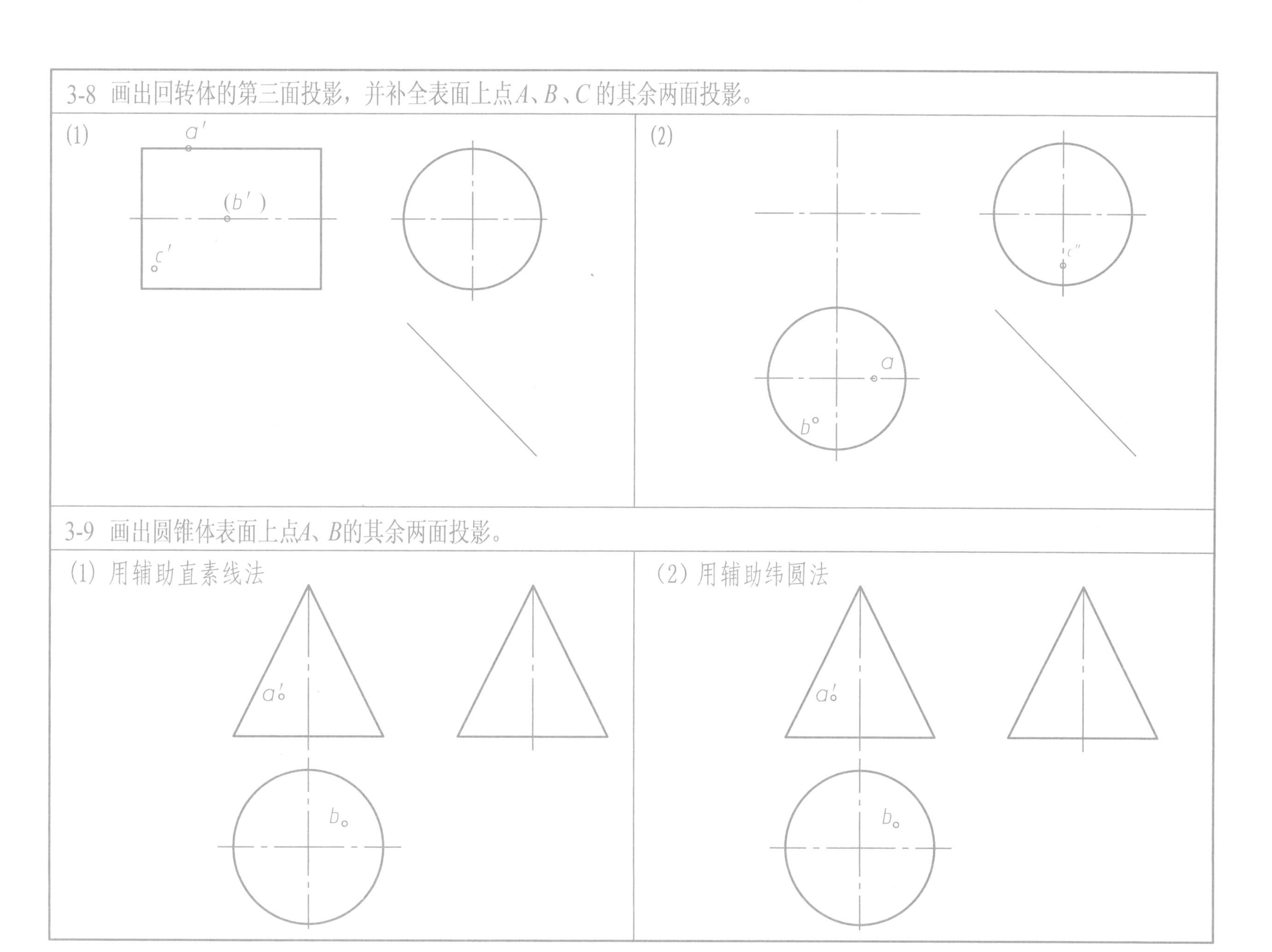
3-8 画出回转体的第三面投影，并补全表面上点A、B、C的其余两面投影。
(1)
a′
(b′)
c′
(2)
c″
a
b
3-9 画出圆锥体表面上点A、B的其余两面投影。
(1) 用辅助直素线法
a′
b
(2) 用辅助纬圆法
a′
b
班级
姓名

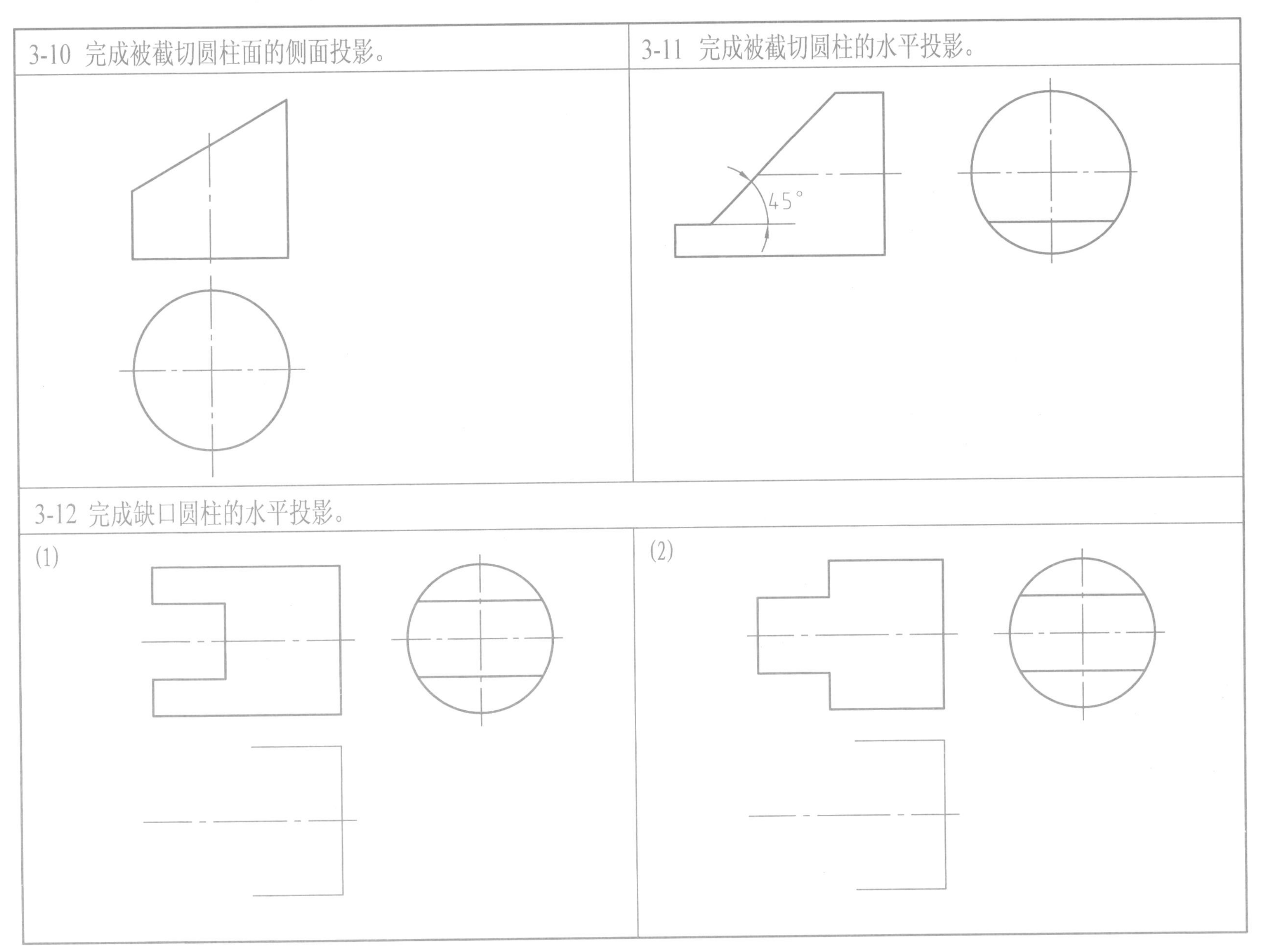
3-10 完成被截切圆柱面的侧面投影。
3-11 完成被截切圆柱的水平投影。
45°
3-12 完成缺口圆柱的水平投影。
(1)
(2)

3-13 完成穿孔圆柱的第三面投影。

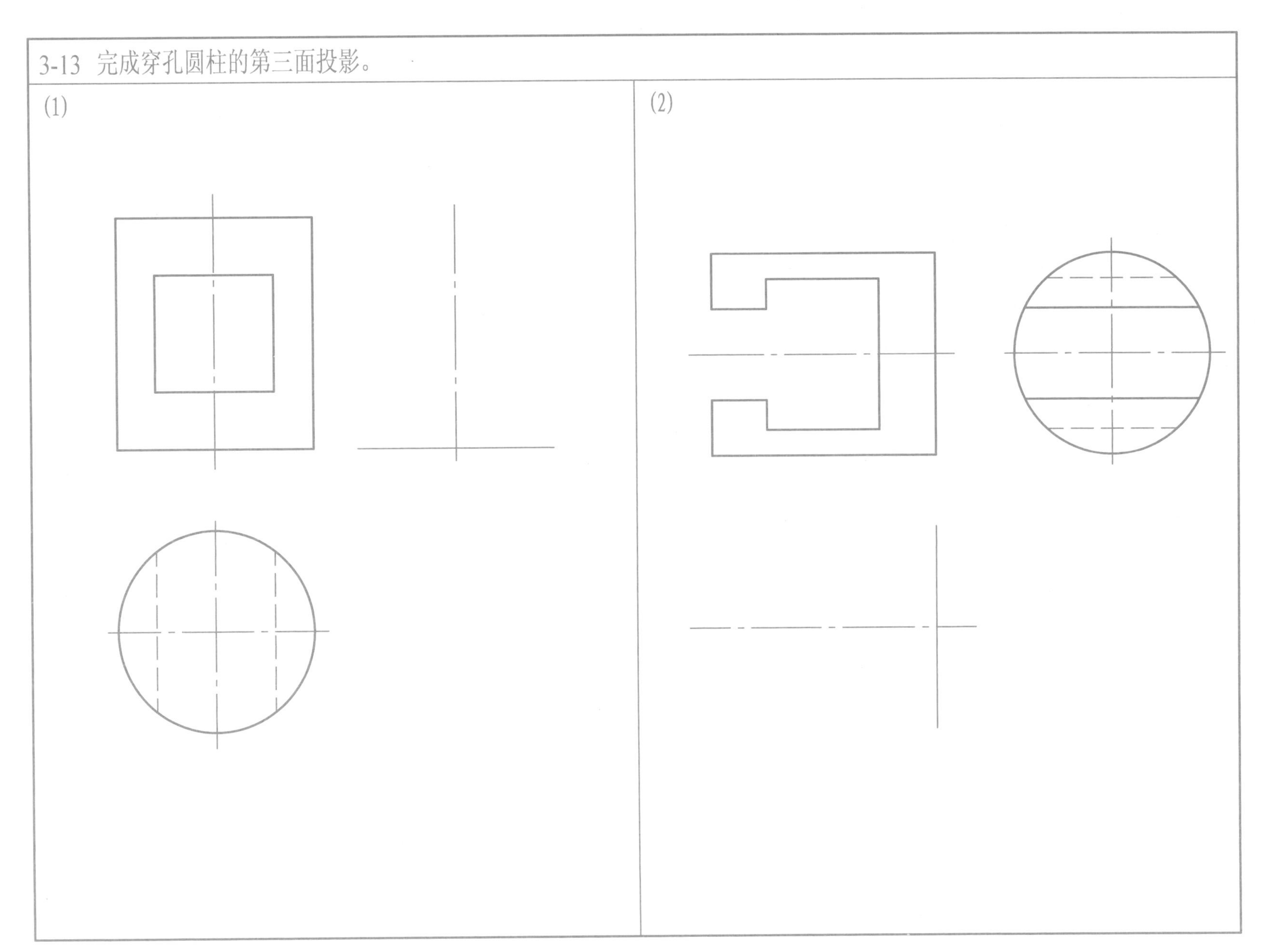

班级　　　　姓名

3-14 完成被截切圆锥的水平投影和侧面投影。

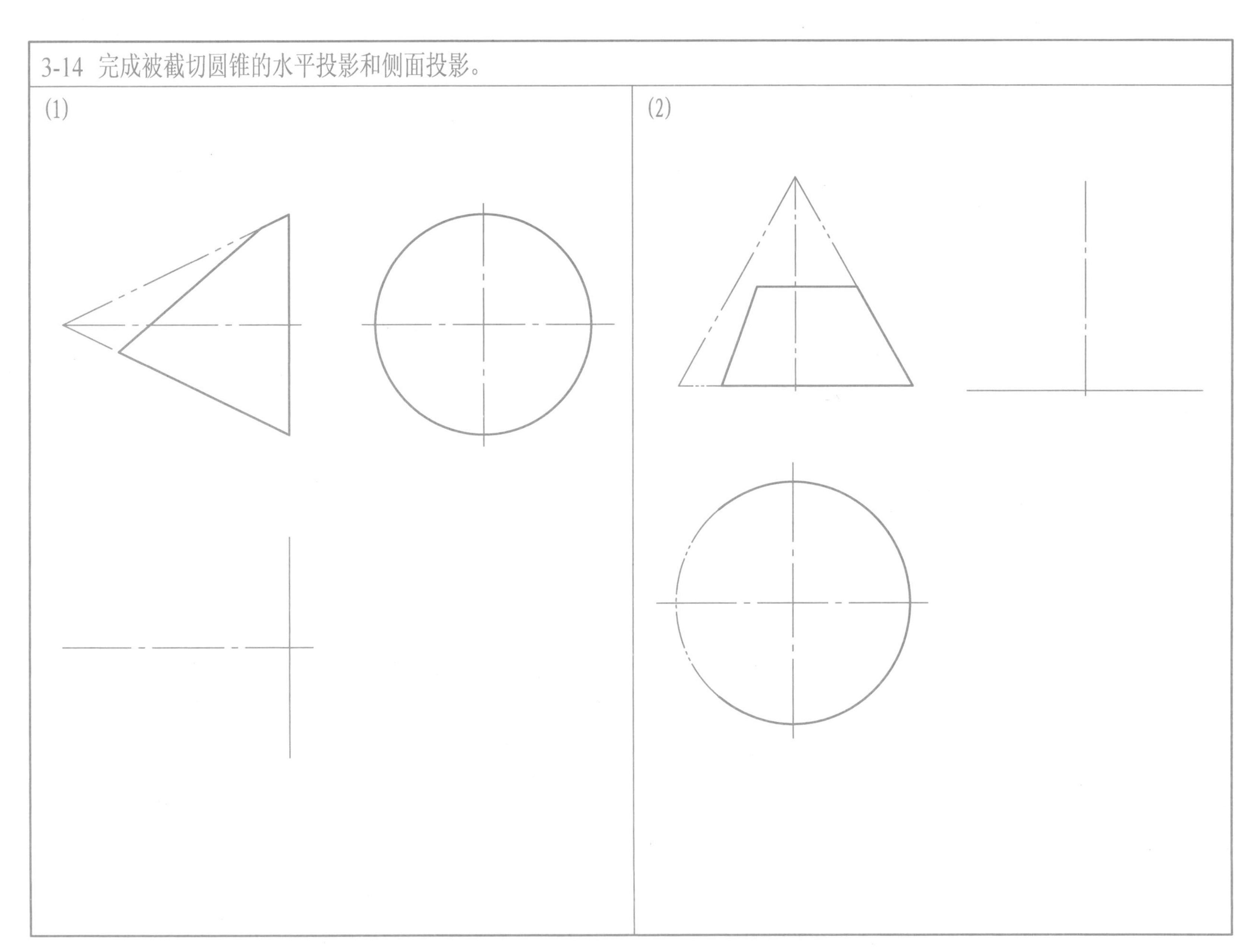

3-15 完成缺口圆台的水平投影和侧面投影。

*3-16 完成缺口圆锥的水平投影和侧面投影。

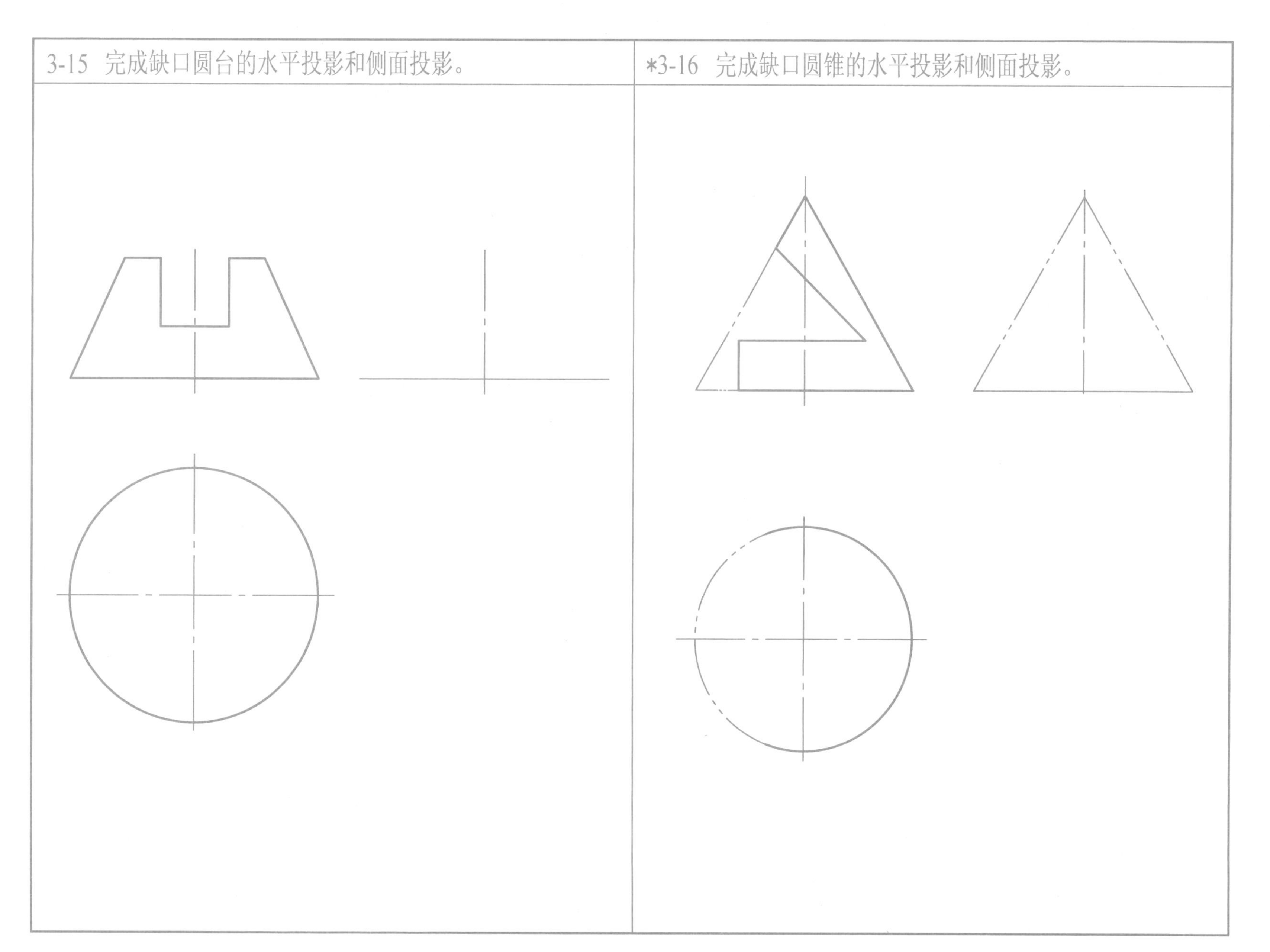

3-17　完成缺口半圆球的水平投影和侧面投影。

3-18　完成缺口圆球的水平投影和侧面投影。

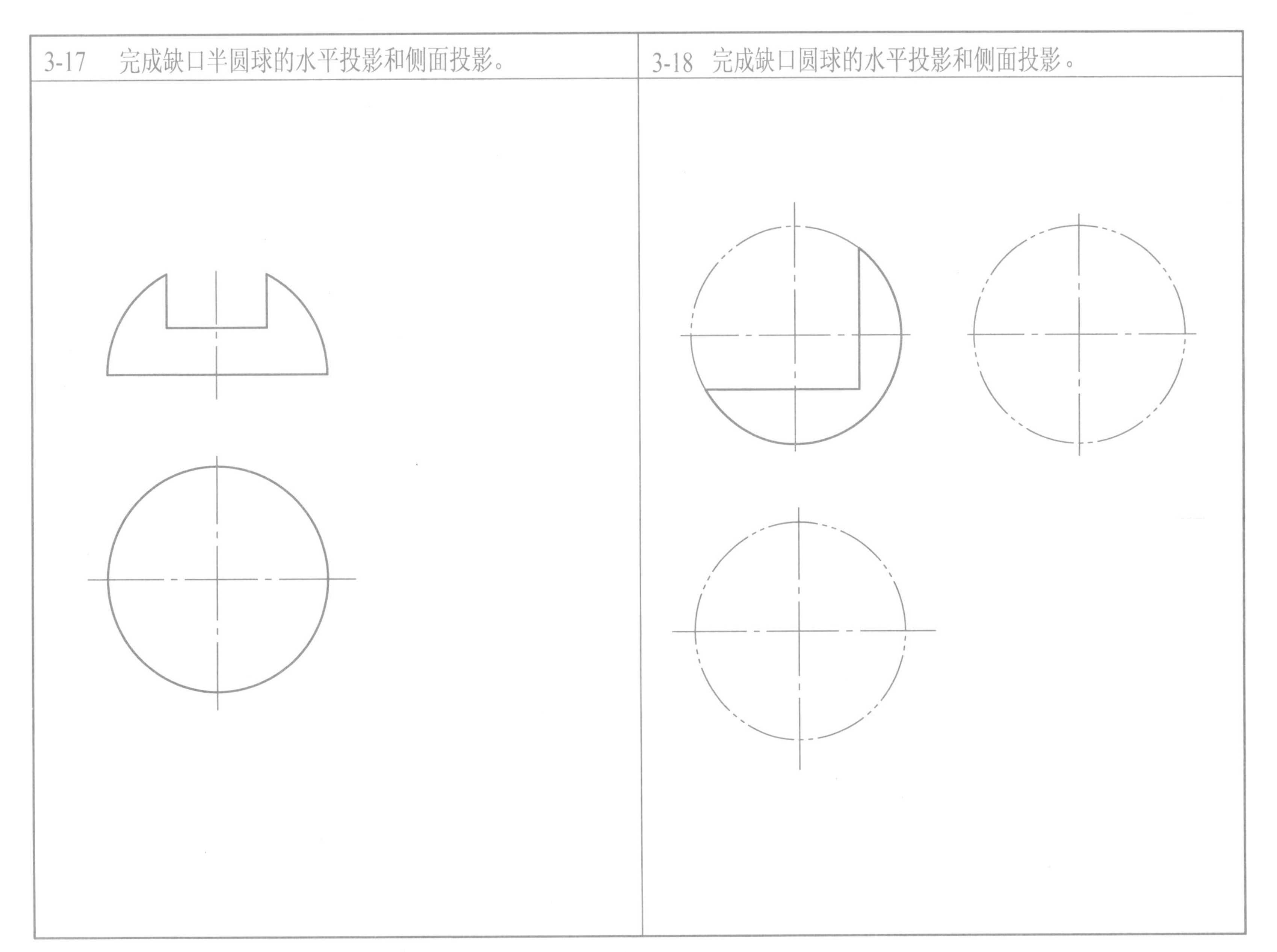

班级　　　　姓名

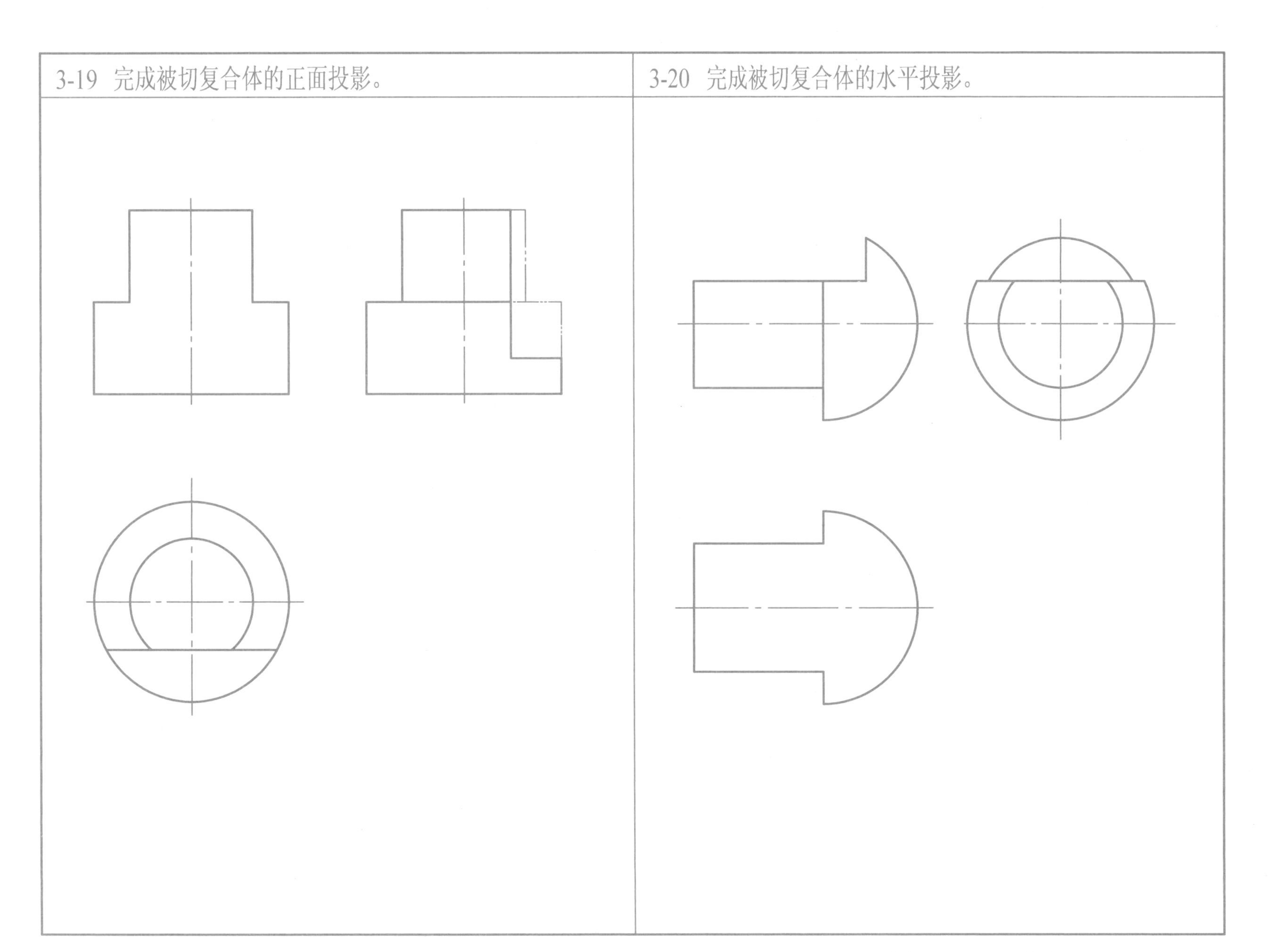
3-19 完成被切复合体的正面投影。
3-20 完成被切复合体的水平投影。

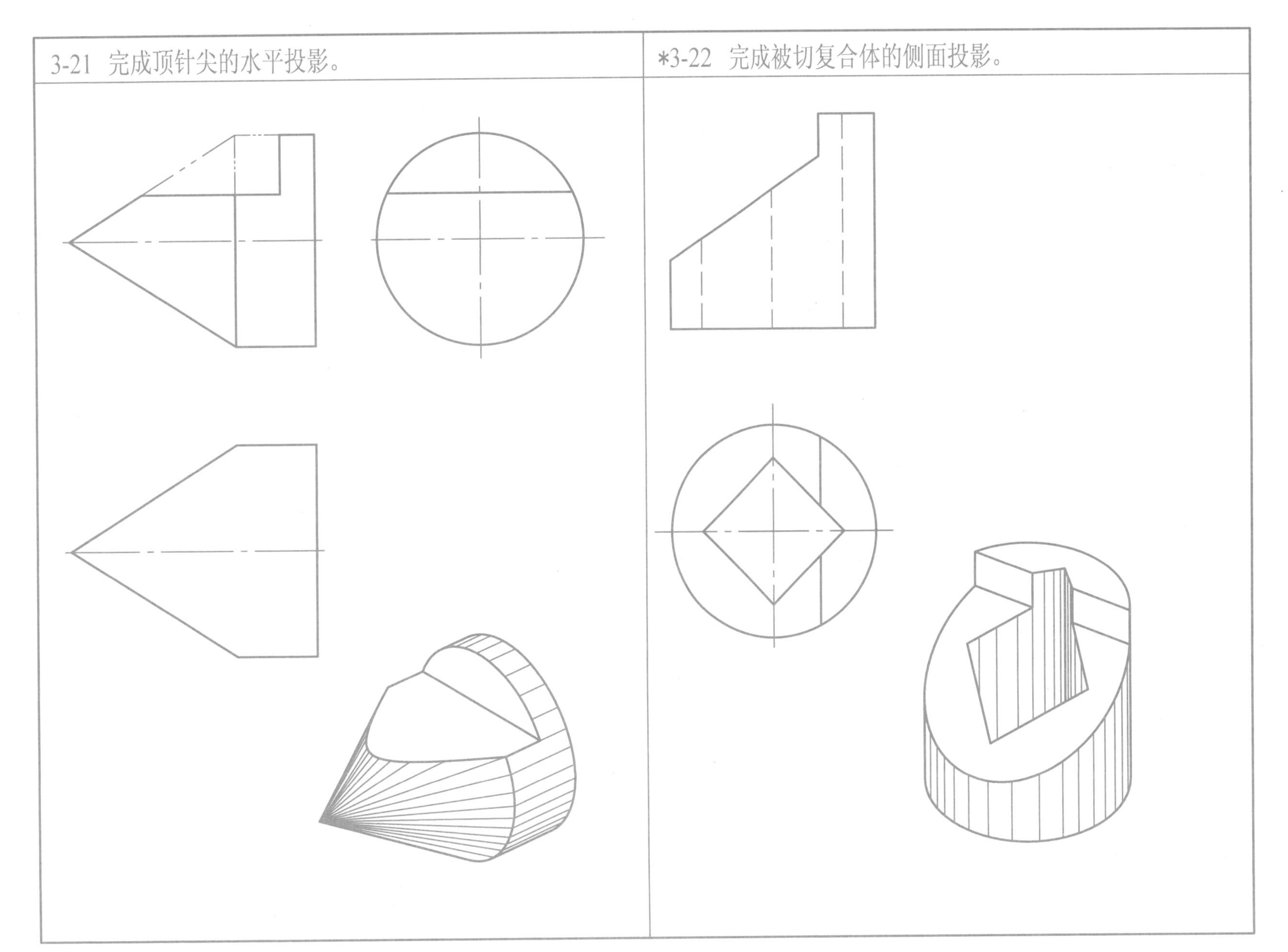
3-21 完成顶针尖的水平投影。
*3-22 完成被切复合体的侧面投影。

第 4 章　组合体的三视图

4-1 根据立体图编号，在下列给定的主视图、俯视图和左视图的括号中填入相应的字母。

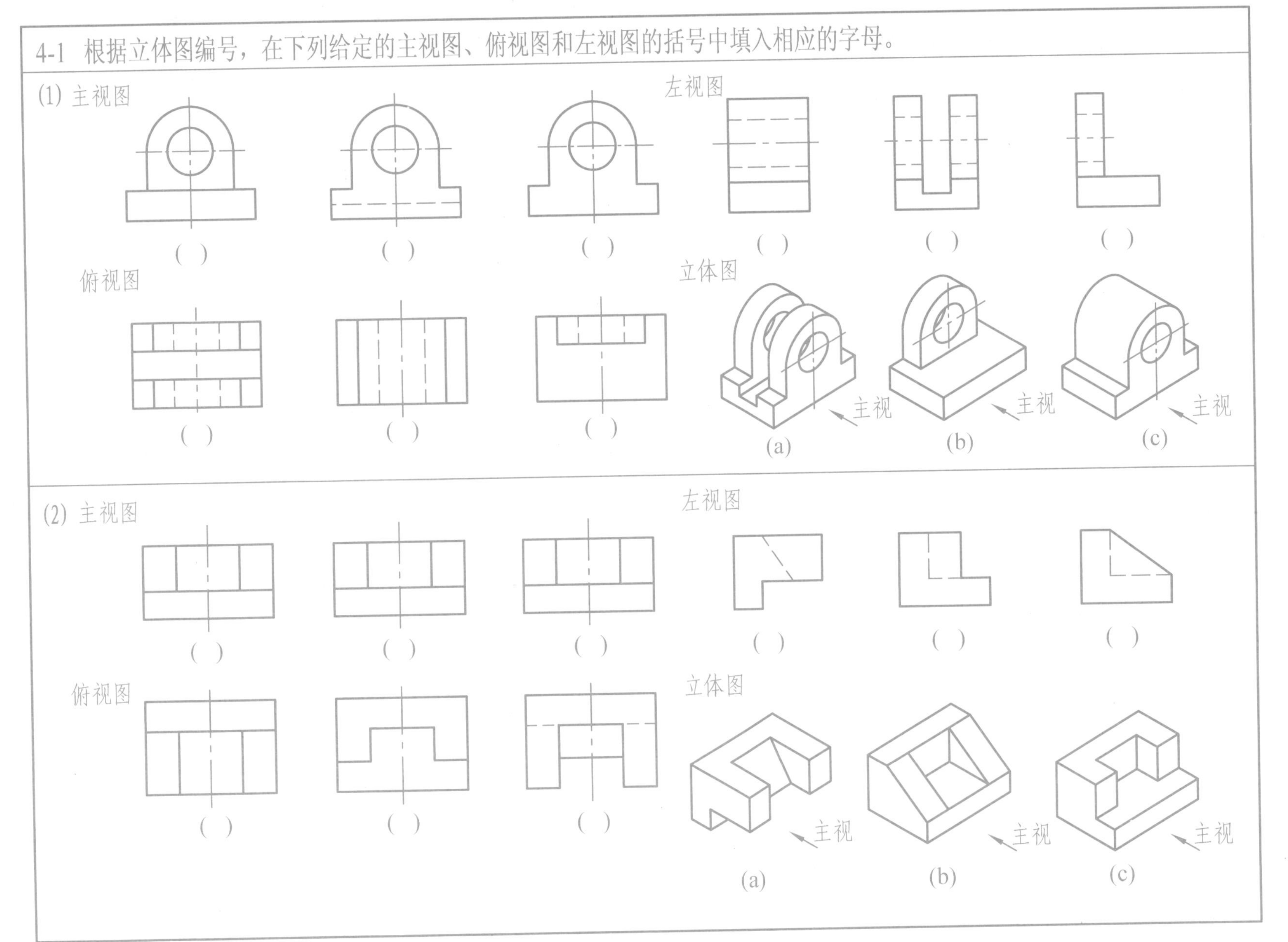

班级　　　　姓名

4-2 根据物体的主视图和俯视图，选择正确的左视图，并将答案填在横线上。

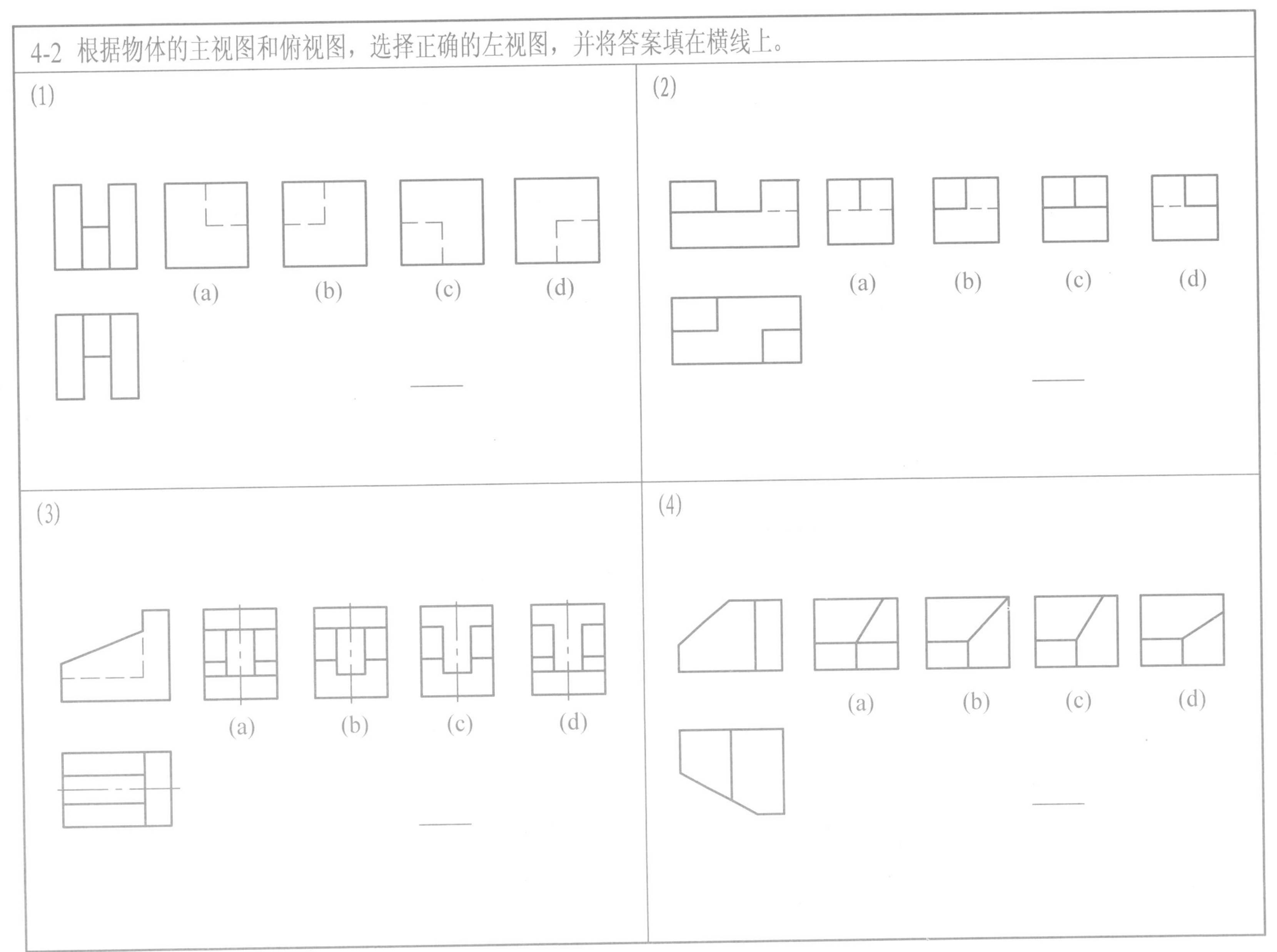

班级　　　　姓名

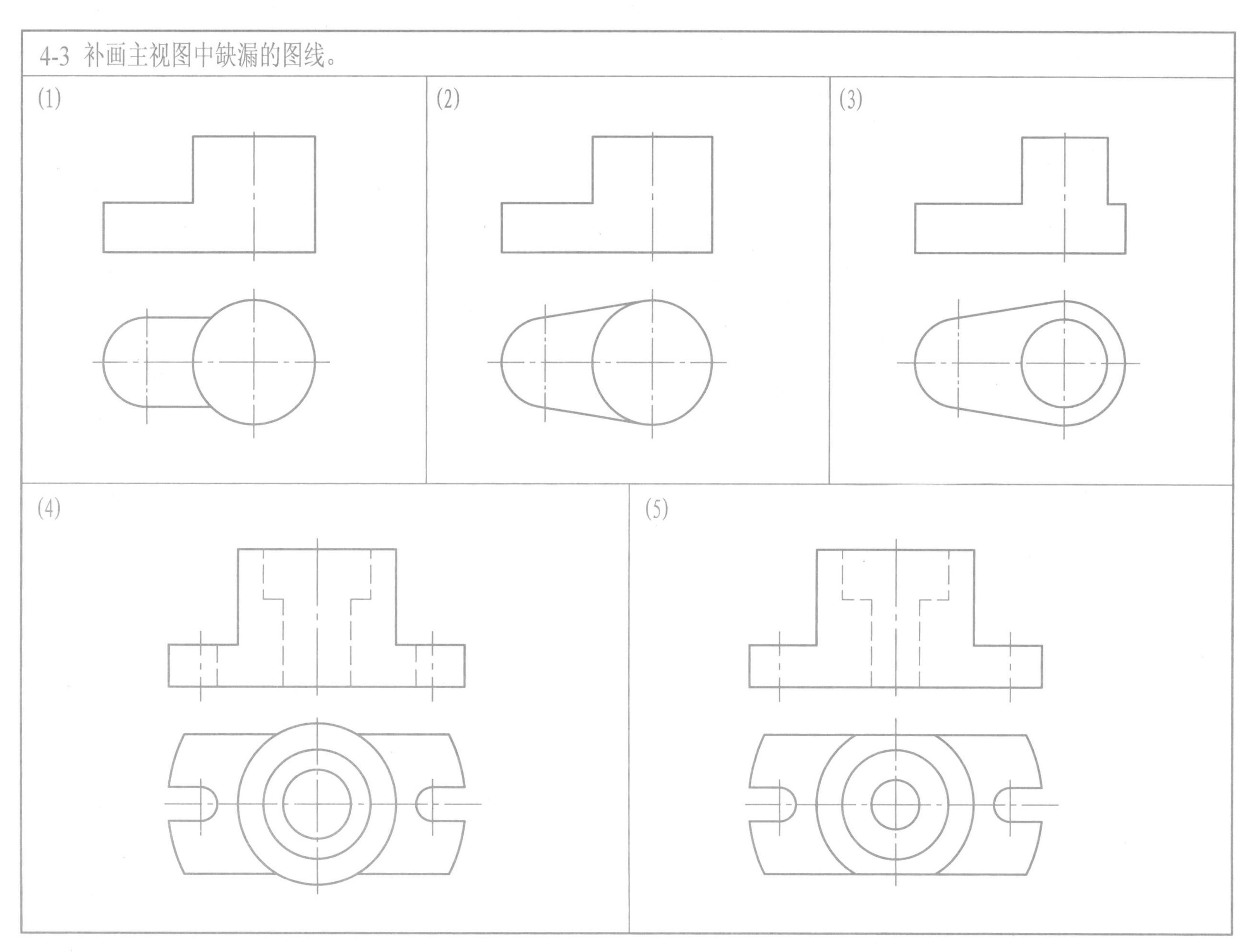

班级　　　　姓名

4-4 看懂物体的俯、左视图，选择正确的主视图，并将答案填在横线上。

4-5 看懂物体的主、左视图，选择正确的俯视图，并将答案填在横线上。

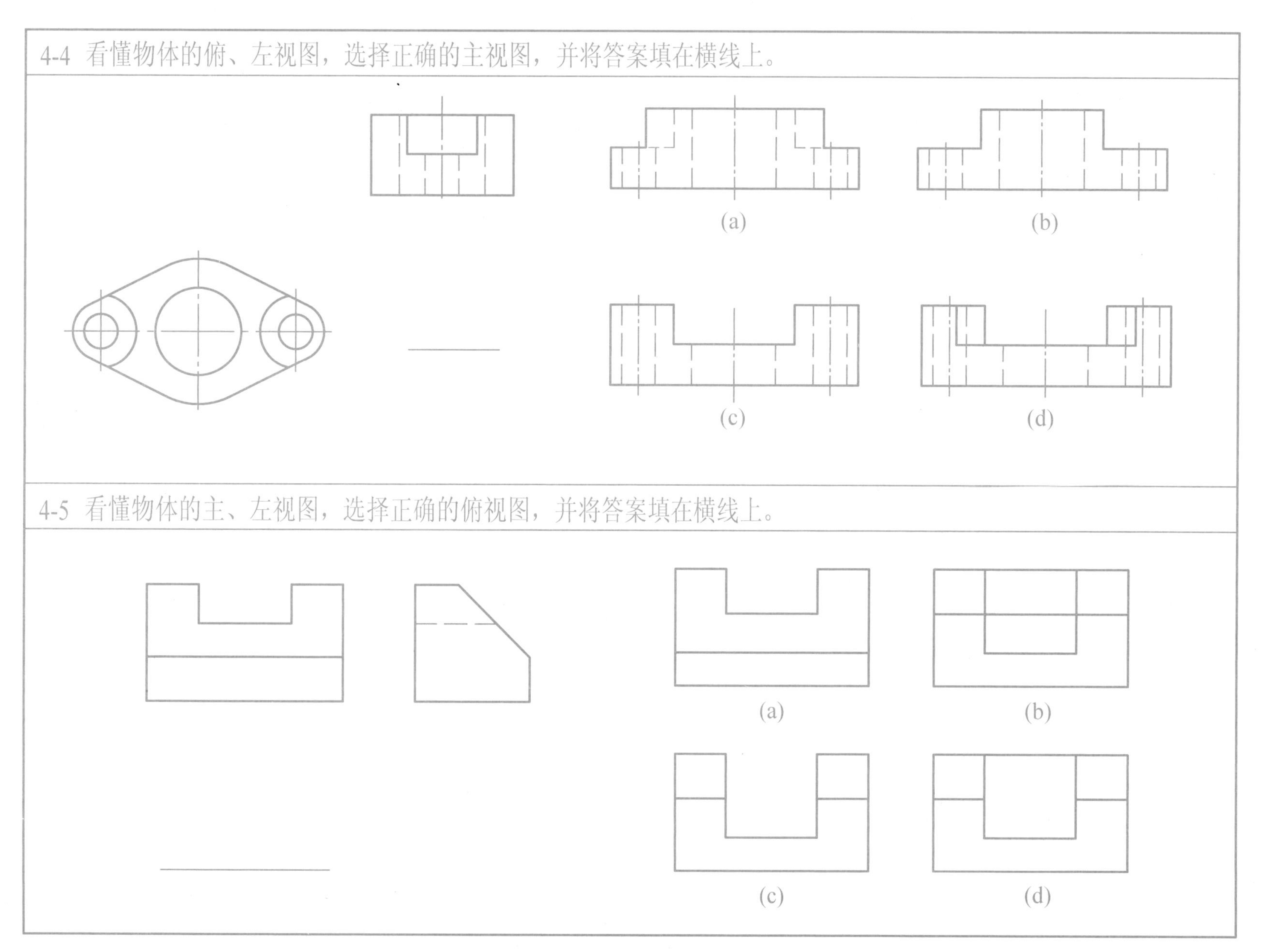

班级　　　　姓名

4-6 补画下列图中相贯线的投影，并将 (1) 与 (2) 、(3) 与(4) 作比较。

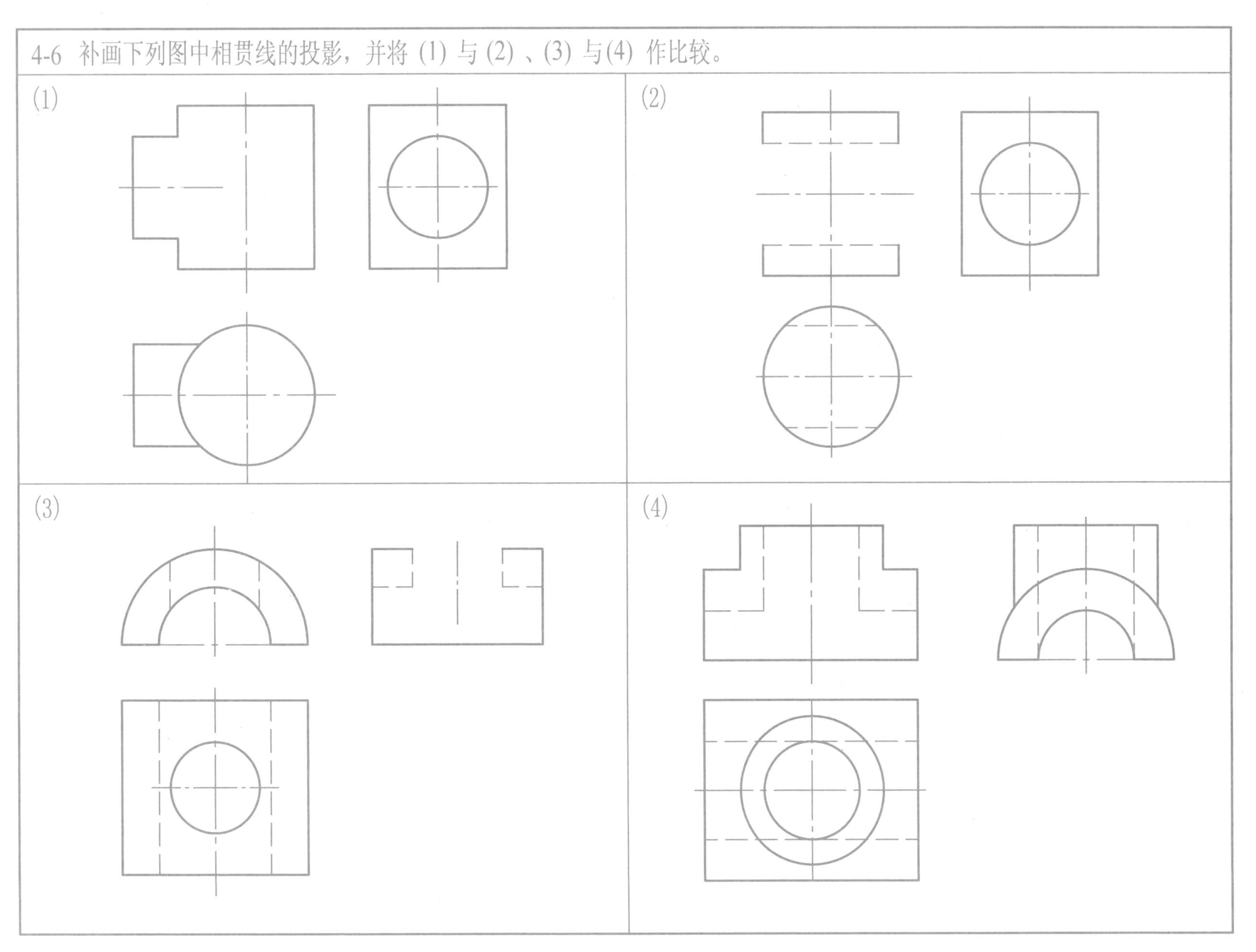

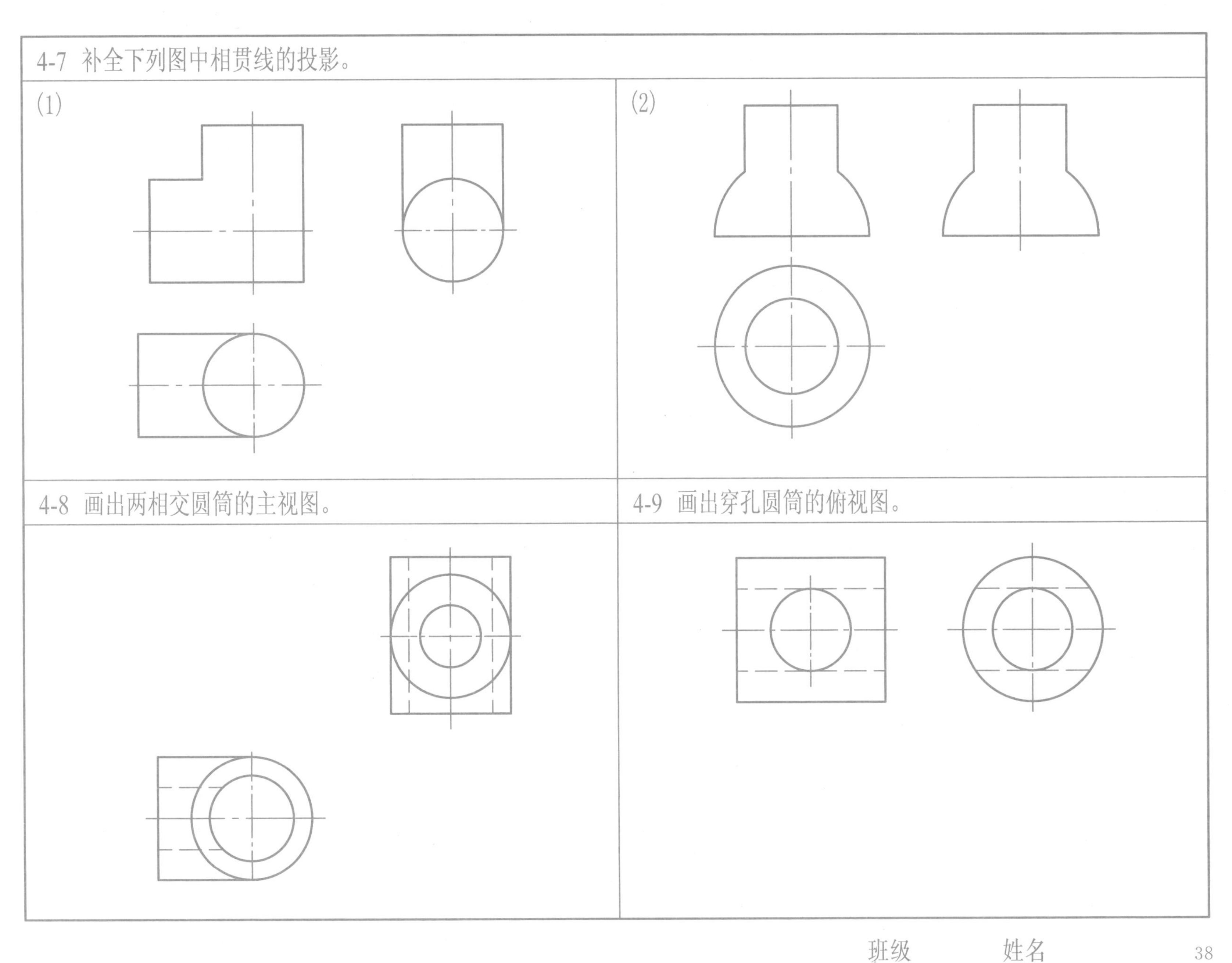
4-7 补全下列图中相贯线的投影。
(1)
(2)
4-8 画出两相交圆筒的主视图。
4-9 画出穿孔圆筒的俯视图。

4-10 对照立体图，补全主视图中缺漏的图线。

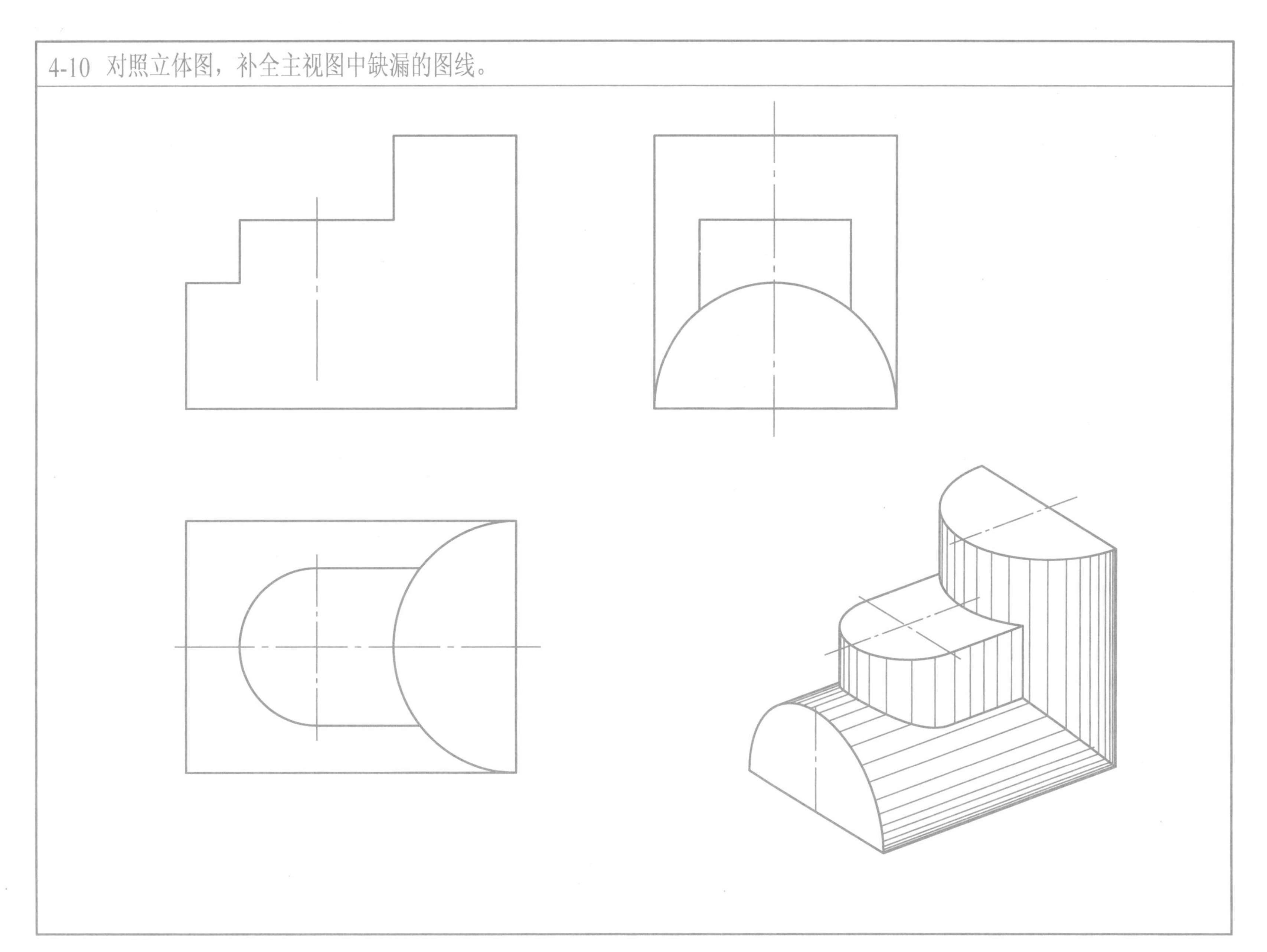

4-11 完成切槽圆筒的左视图。

4-12 补全主视图中的相贯线。

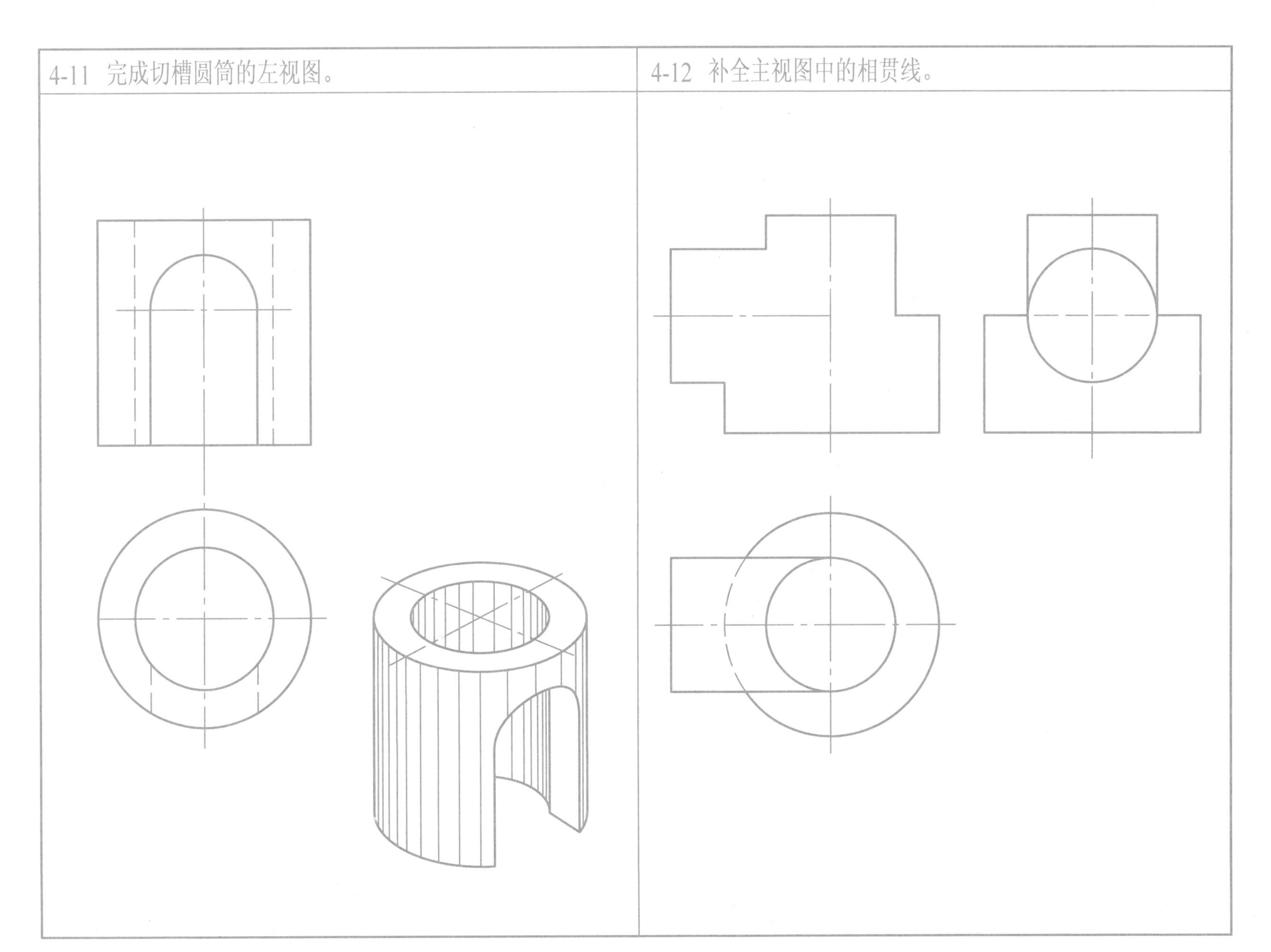

班级　　　　　姓名

4-13 根据立体图按1:1比例画出物体的三视图（以箭头方向为主视方向），并标注尺寸(在A3图纸上应采用2:1比例绘制）。

(1)

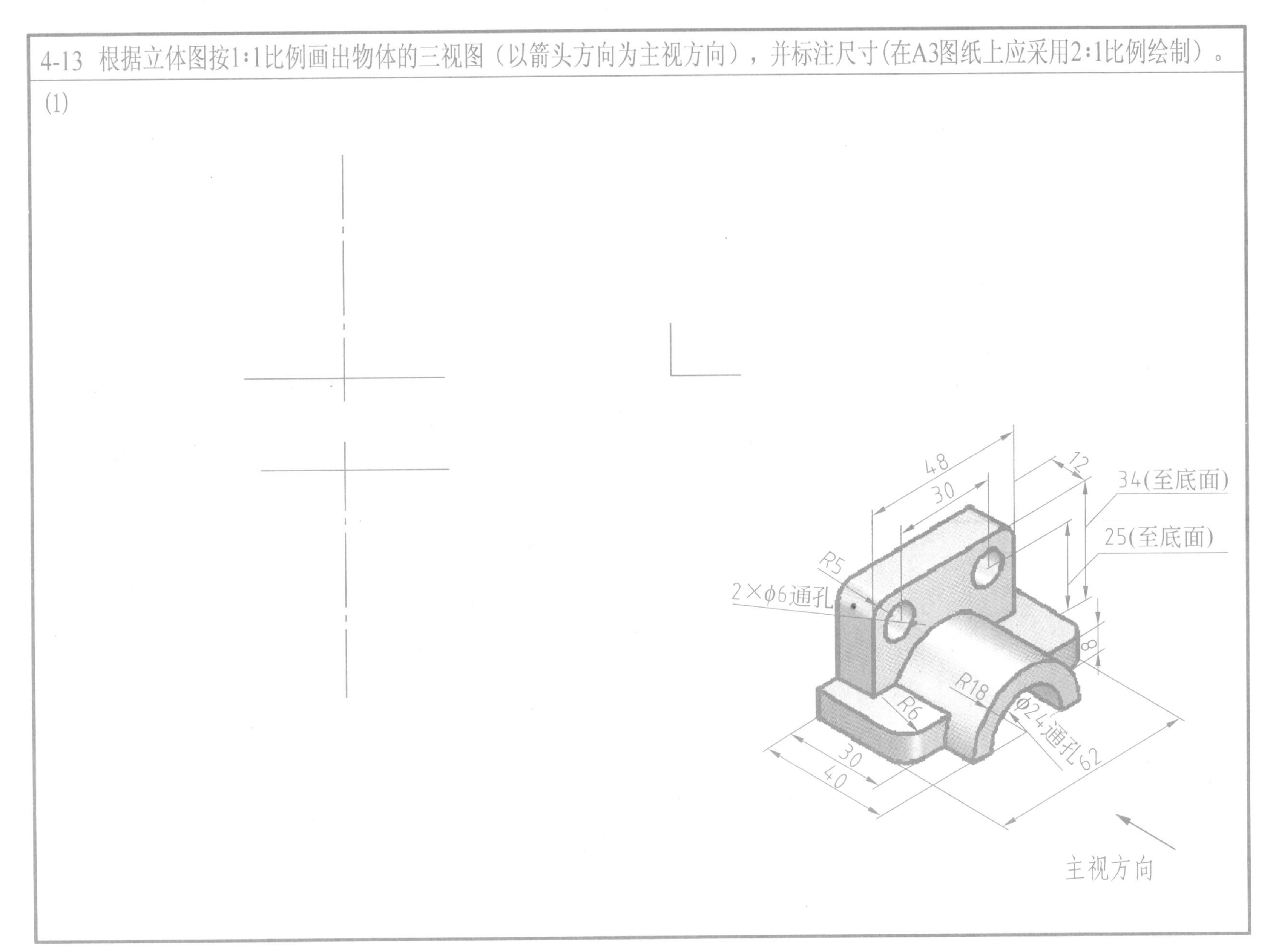

(2)

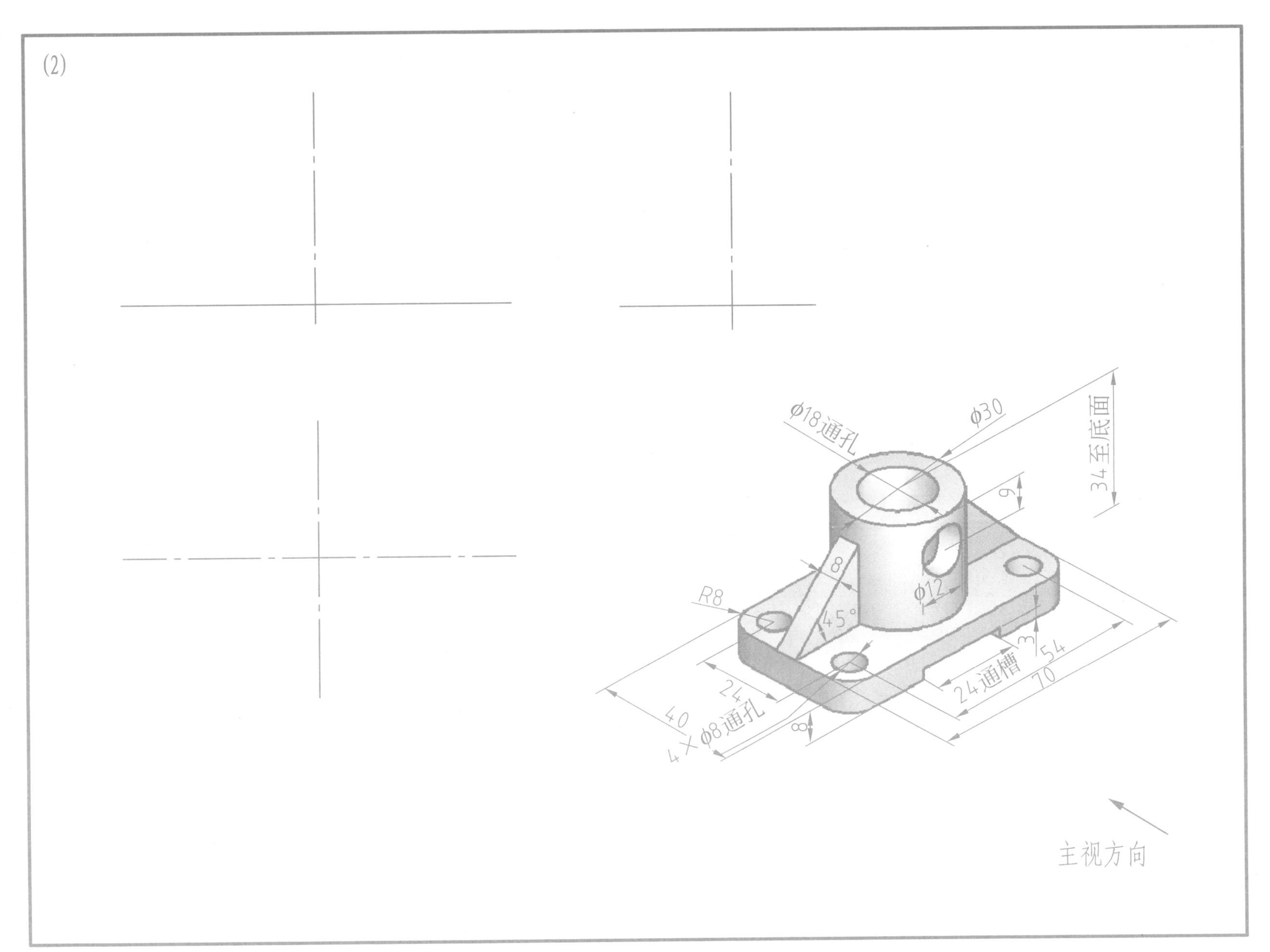

班级　　　　姓名

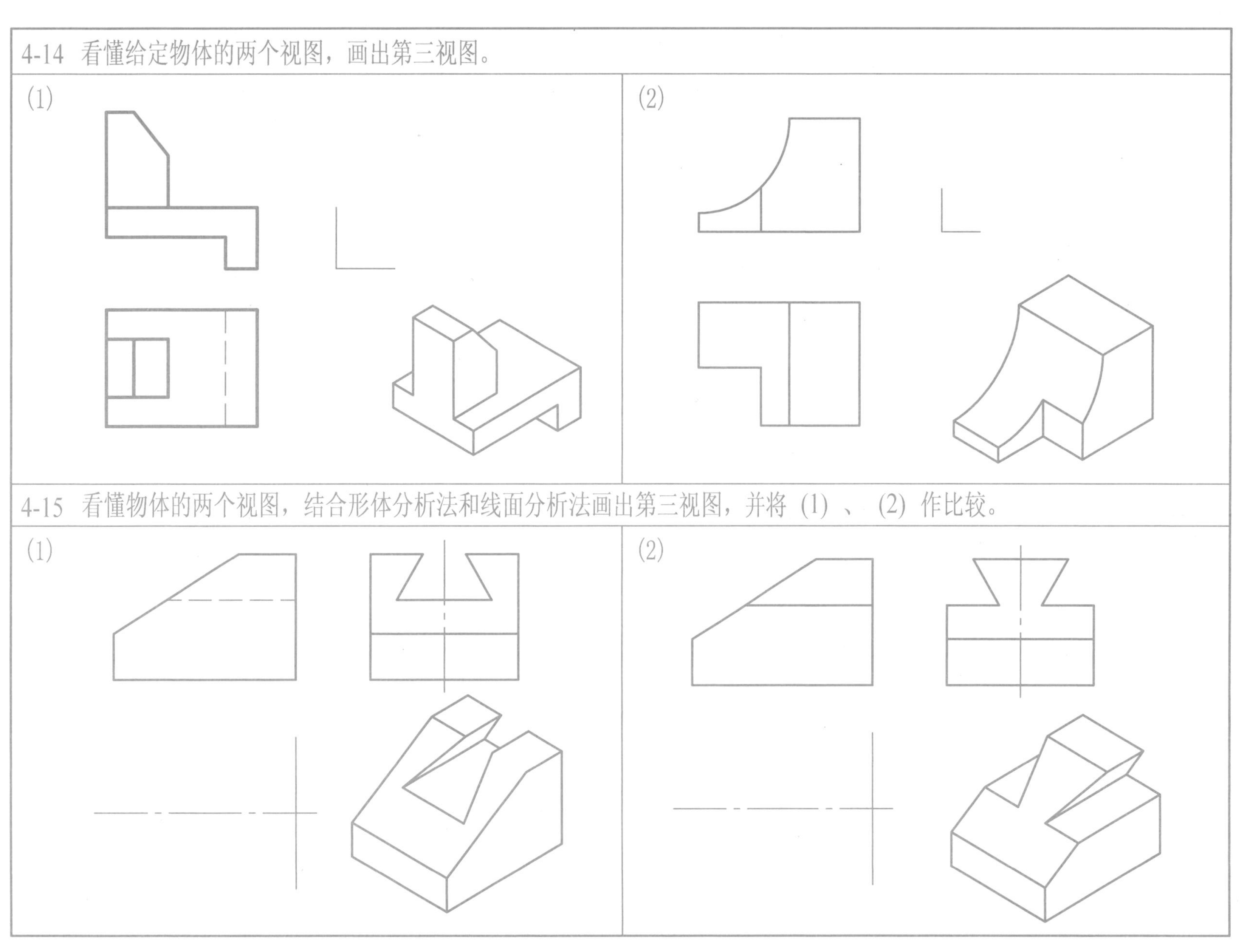
4-14 看懂给定物体的两个视图，画出第三视图。
(1)
(2)
4-15 看懂物体的两个视图，结合形体分析法和线面分析法画出第三视图，并将 (1) 、 (2) 作比较。
(1)
(2)

4-16 看懂物体的两个视图，构想空间形体，画出第三视图，并将 (3) 、(4) 作比较。

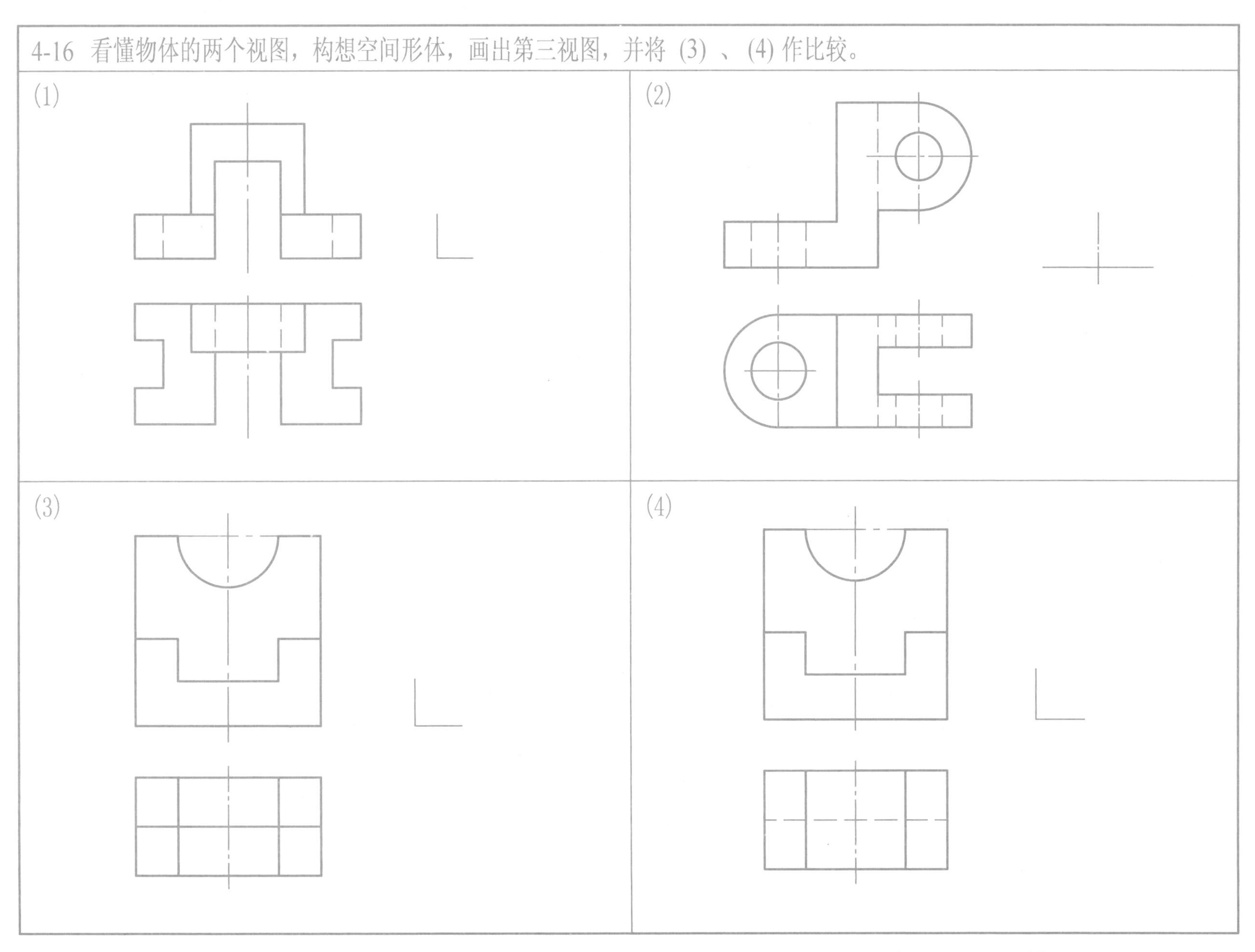

班级　　　　　姓名

4-17 已知物体的主、俯视图，求作左视图。

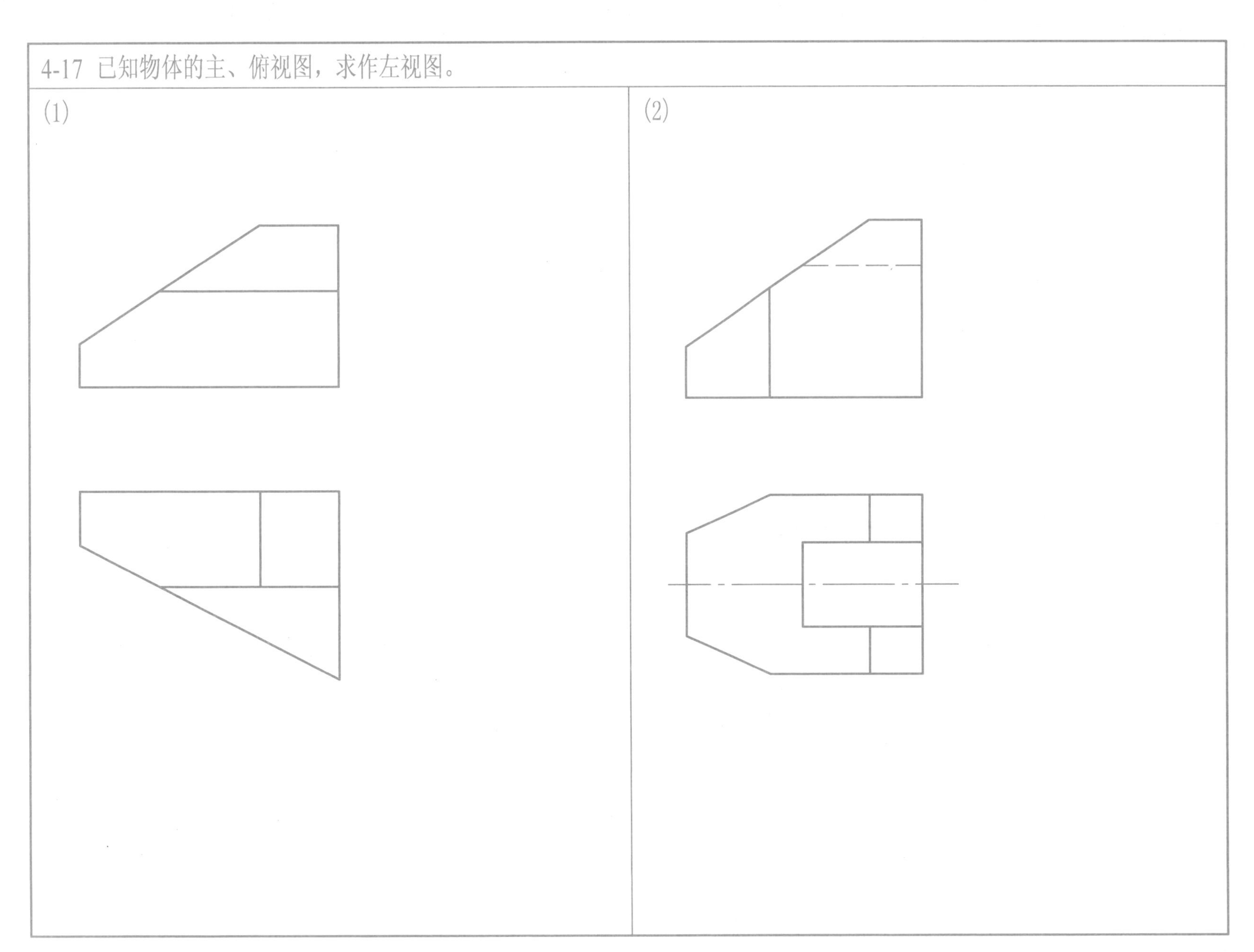

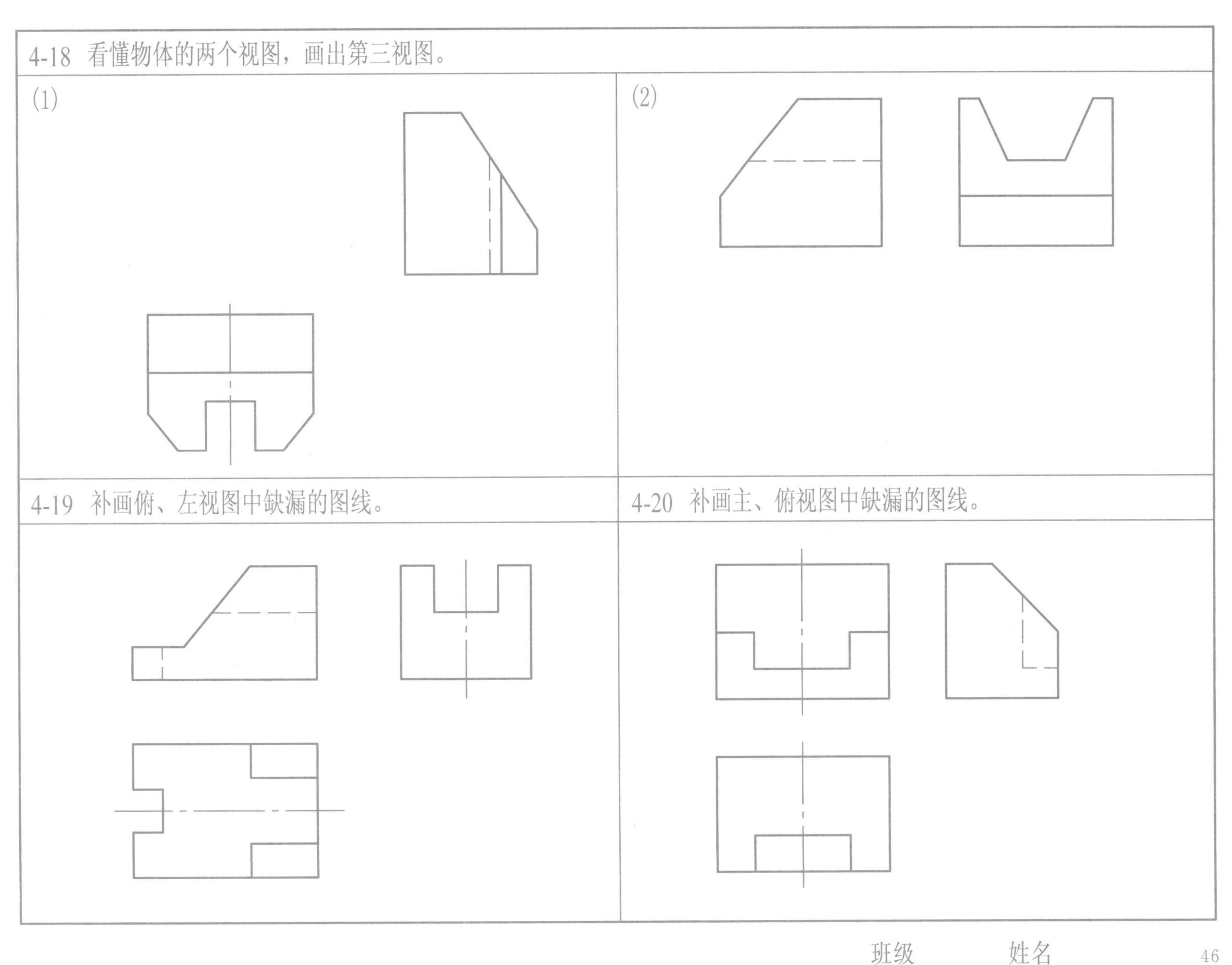
4-18 看懂物体的两个视图，画出第三视图。
(1)
(2)
4-19 补画俯、左视图中缺漏的图线。
4-20 补画主、俯视图中缺漏的图线。

4-21 标注下列各形体的尺寸（尺寸数值按1：1的比例从图中量取并取整）。

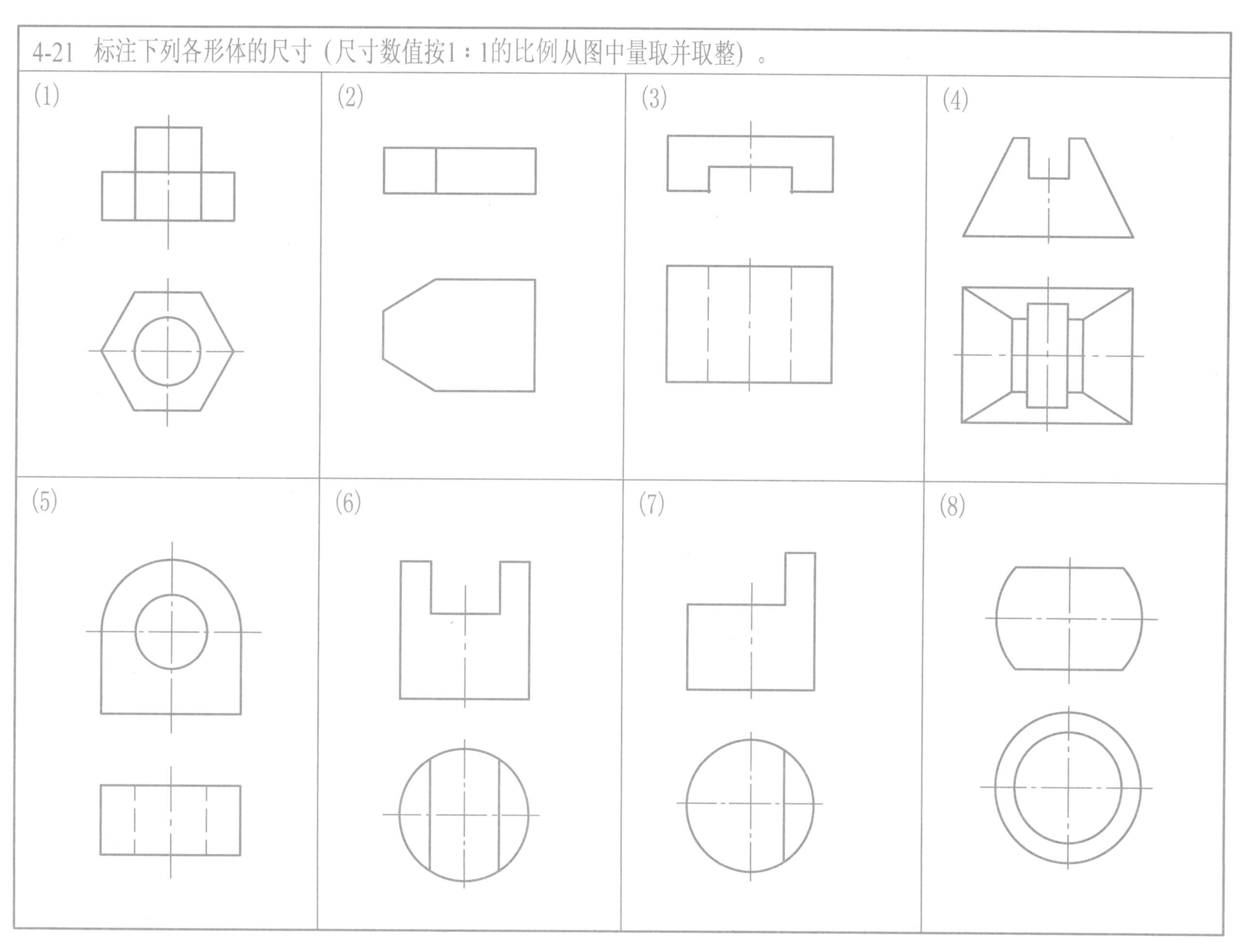

4-22 标注下列物体的尺寸（尺寸数值按1∶1的比例从图中量取并取整）。

(1)

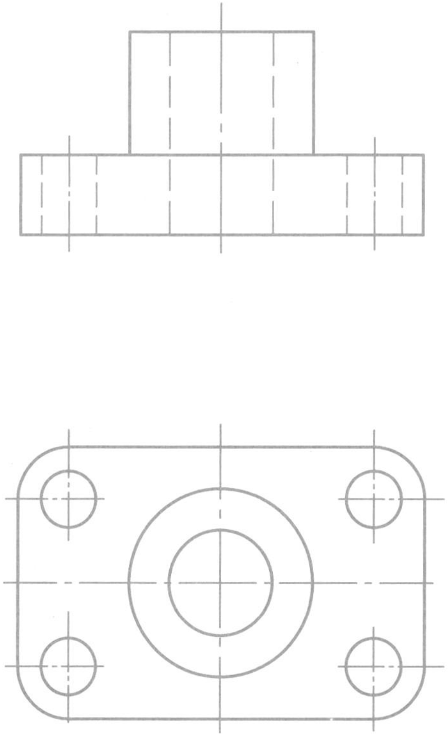

(2)

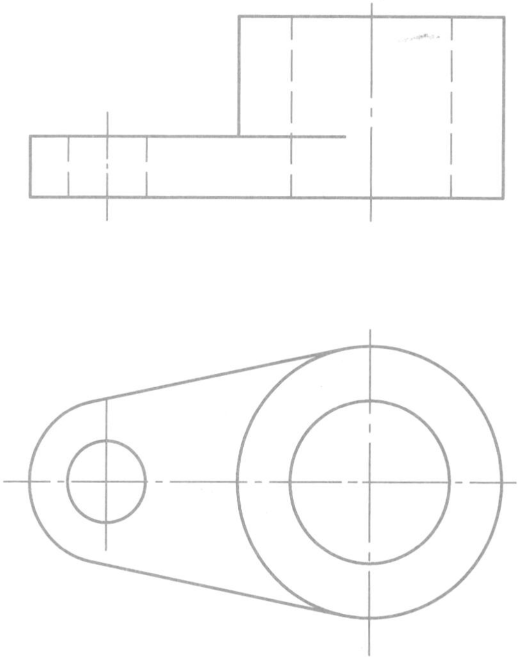

班级　　　　姓名

4-23 看懂物体的主、俯视图，画出左视图，并标注尺寸。

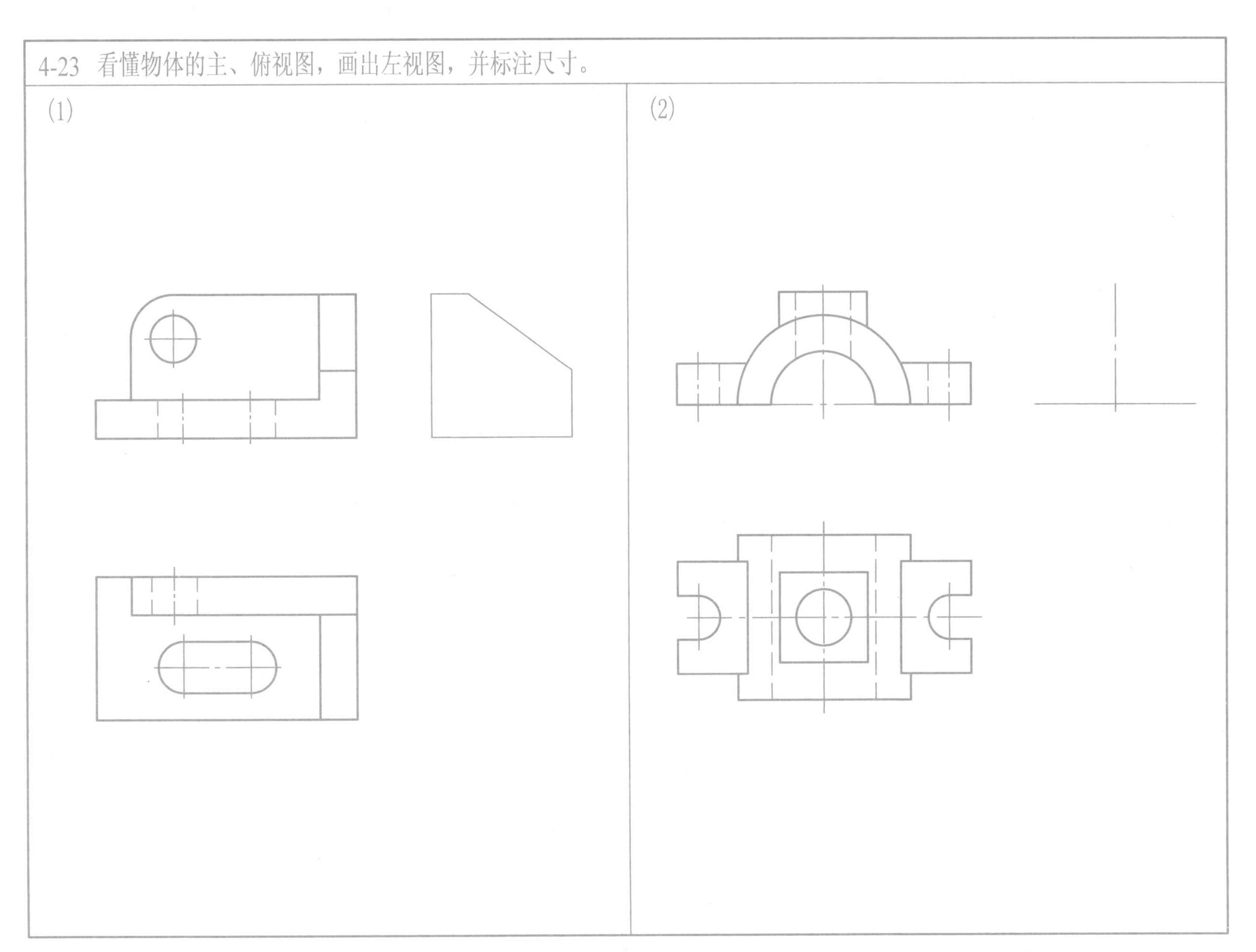

4-24 已知物体的主、俯视图，求作左视图。

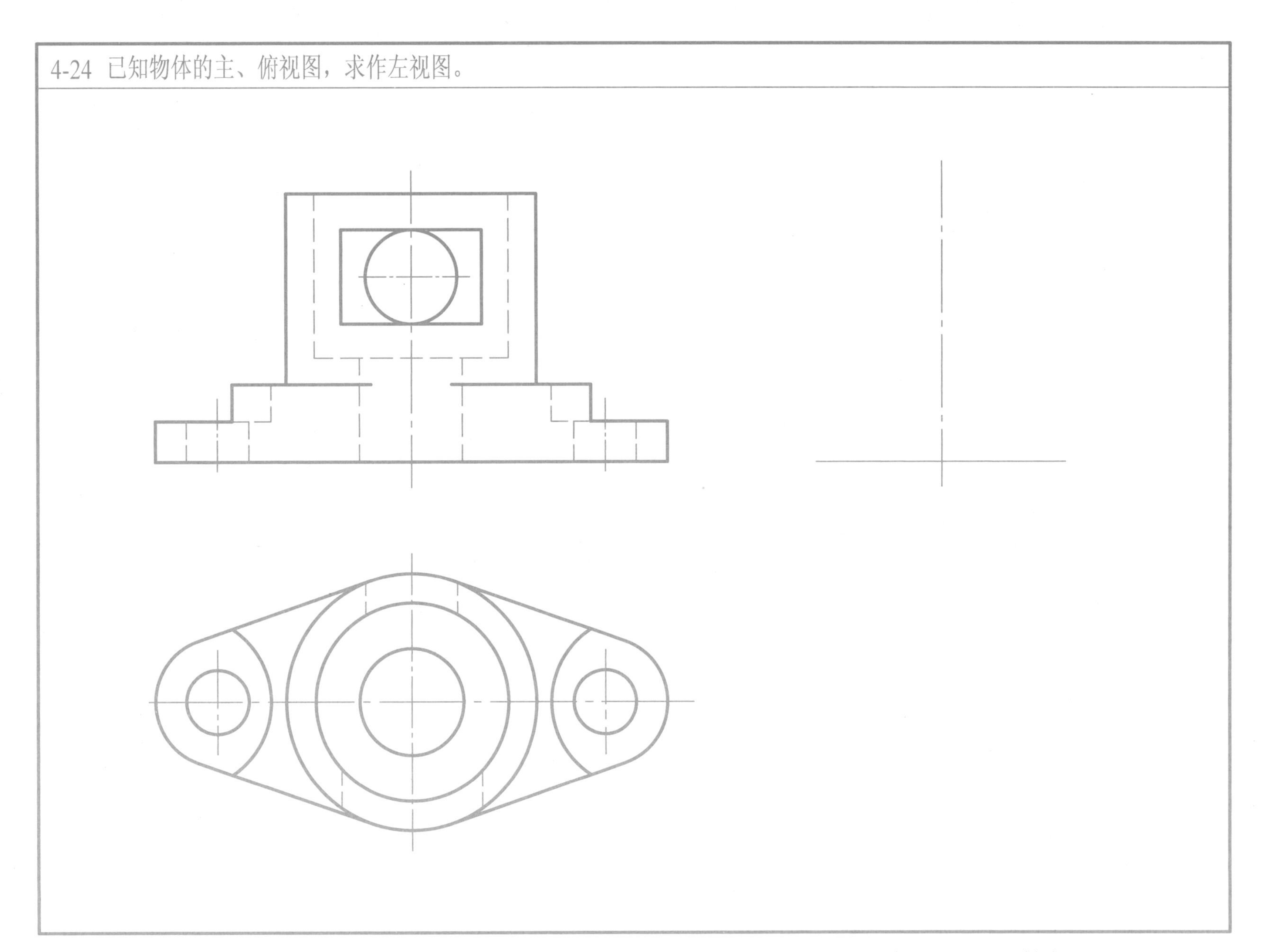

4-25 看懂物体的主、俯视图，画出左视图，并标注尺寸。

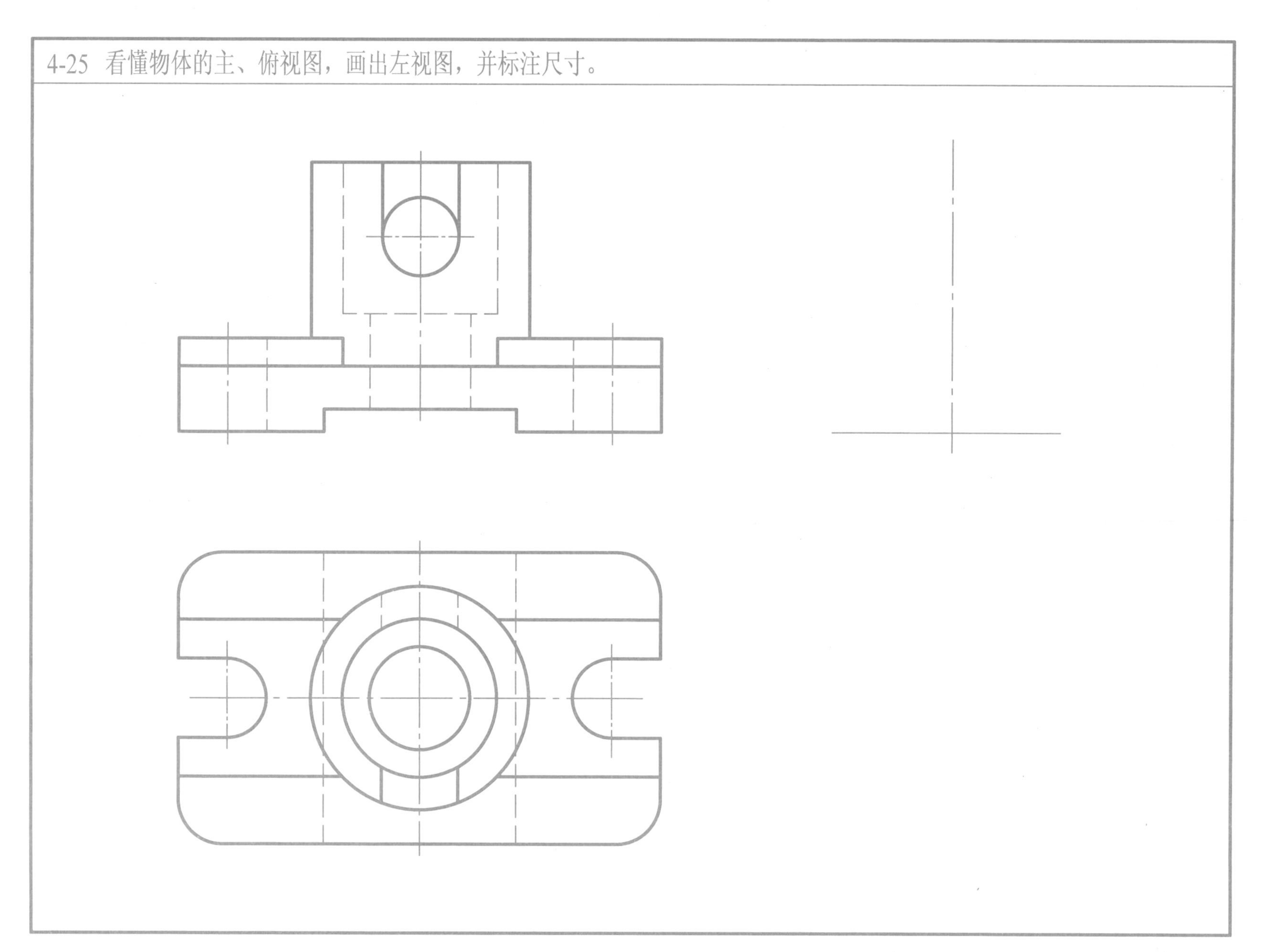

第5章 轴 测 图

5-1 已知物体的视图，用简化伸缩系数绘制其正等轴测图。

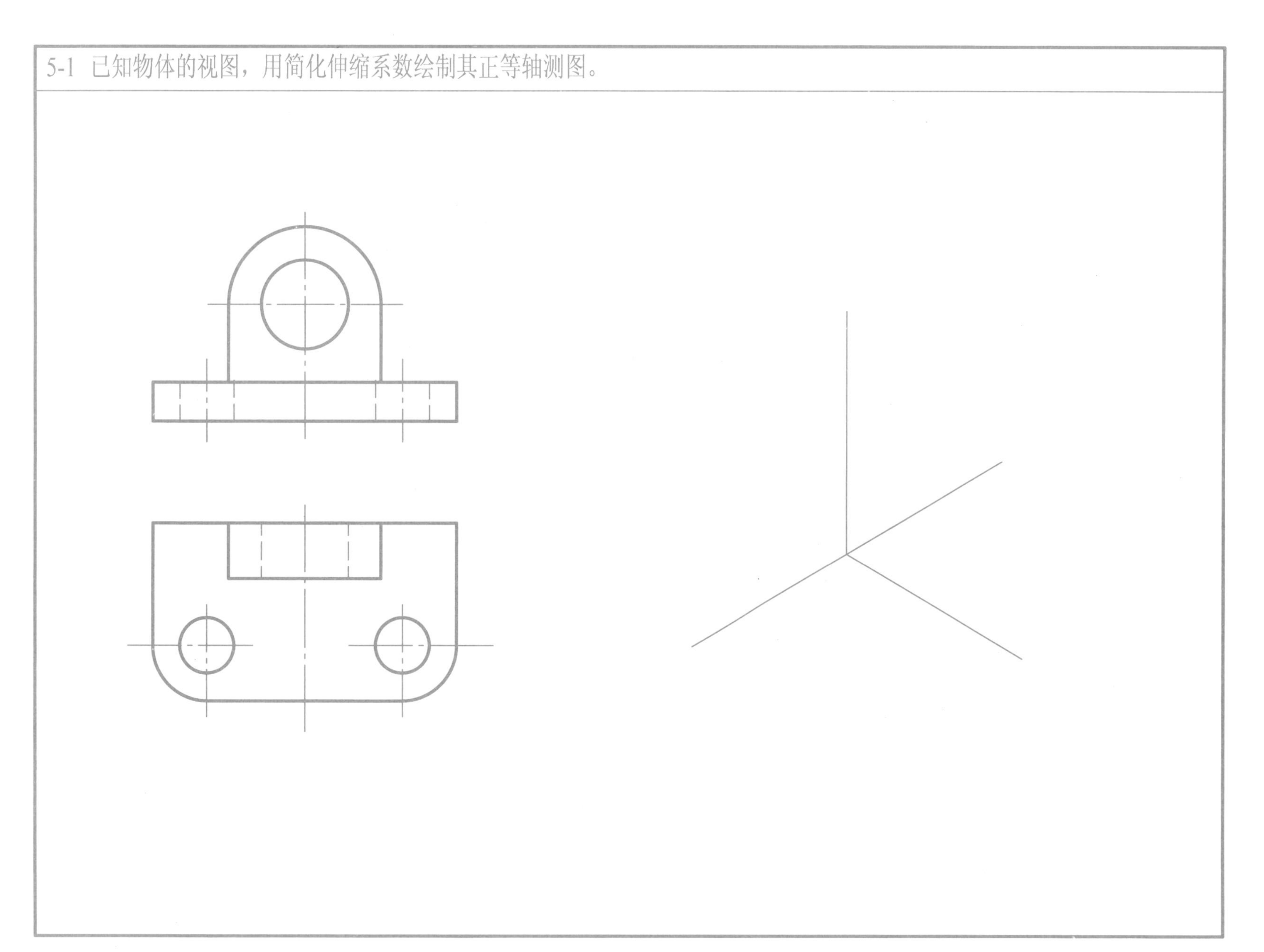

5-2 已知物体的视图，用简化伸缩系数绘制其正等轴测图。

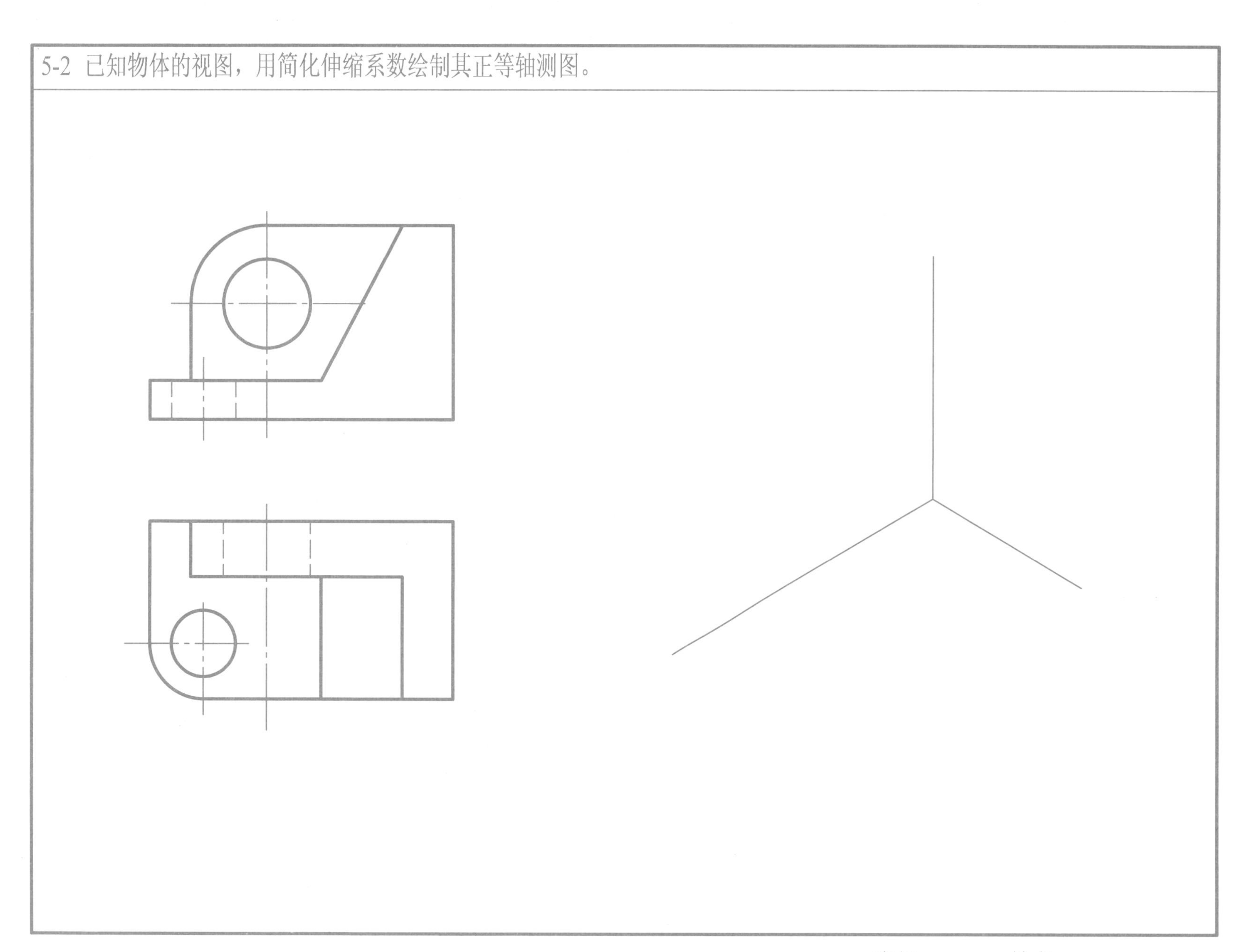

5-3 已知物体的视图，绘制其斜二轴测图。

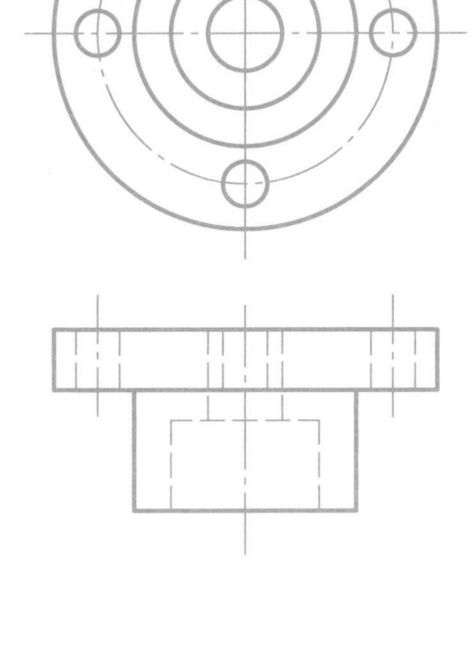

5-4 已知物体的视图，绘制其斜二轴测图。

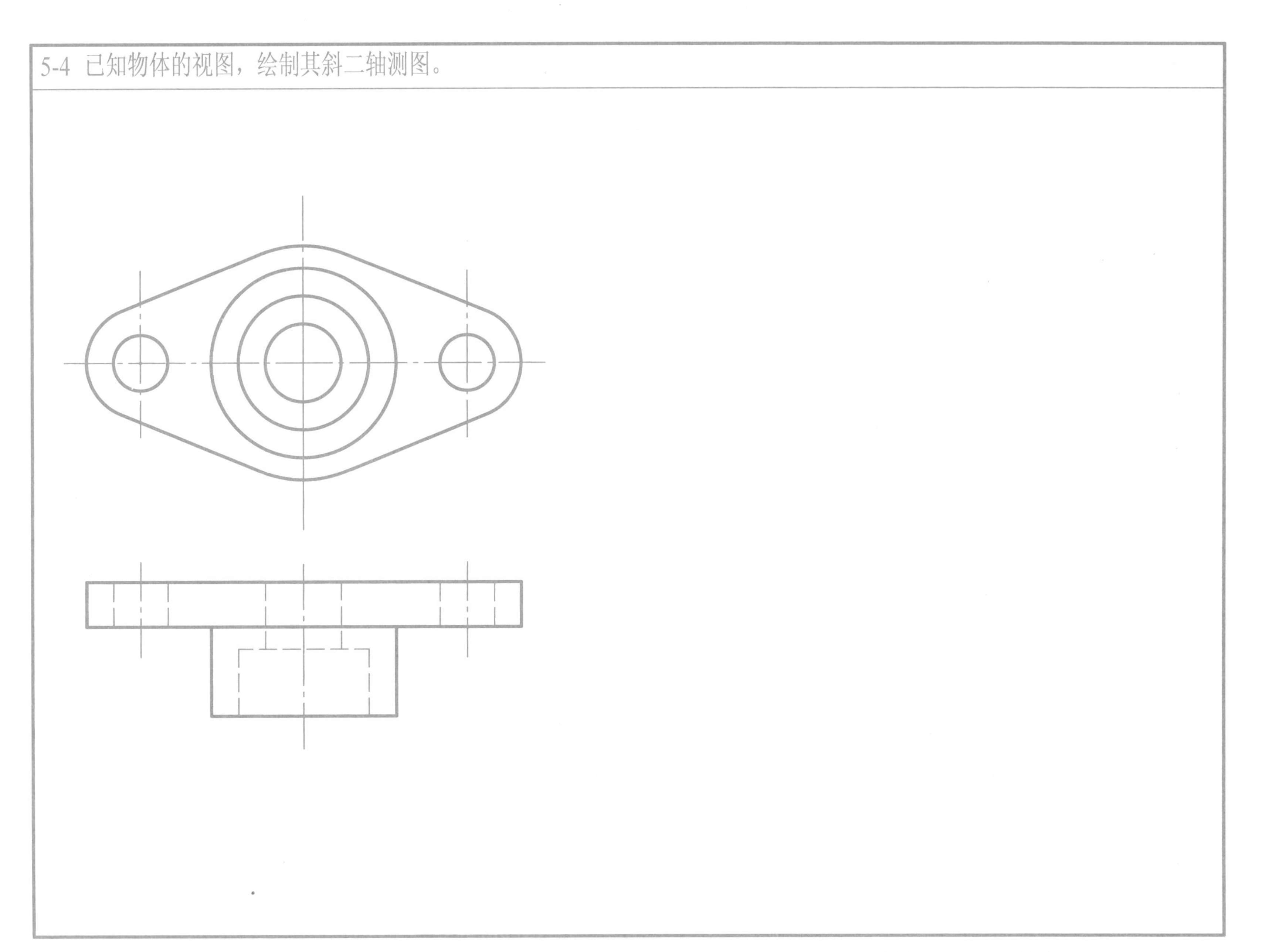

5-5 已知物体的视图，徒手绘制其正等轴测图。

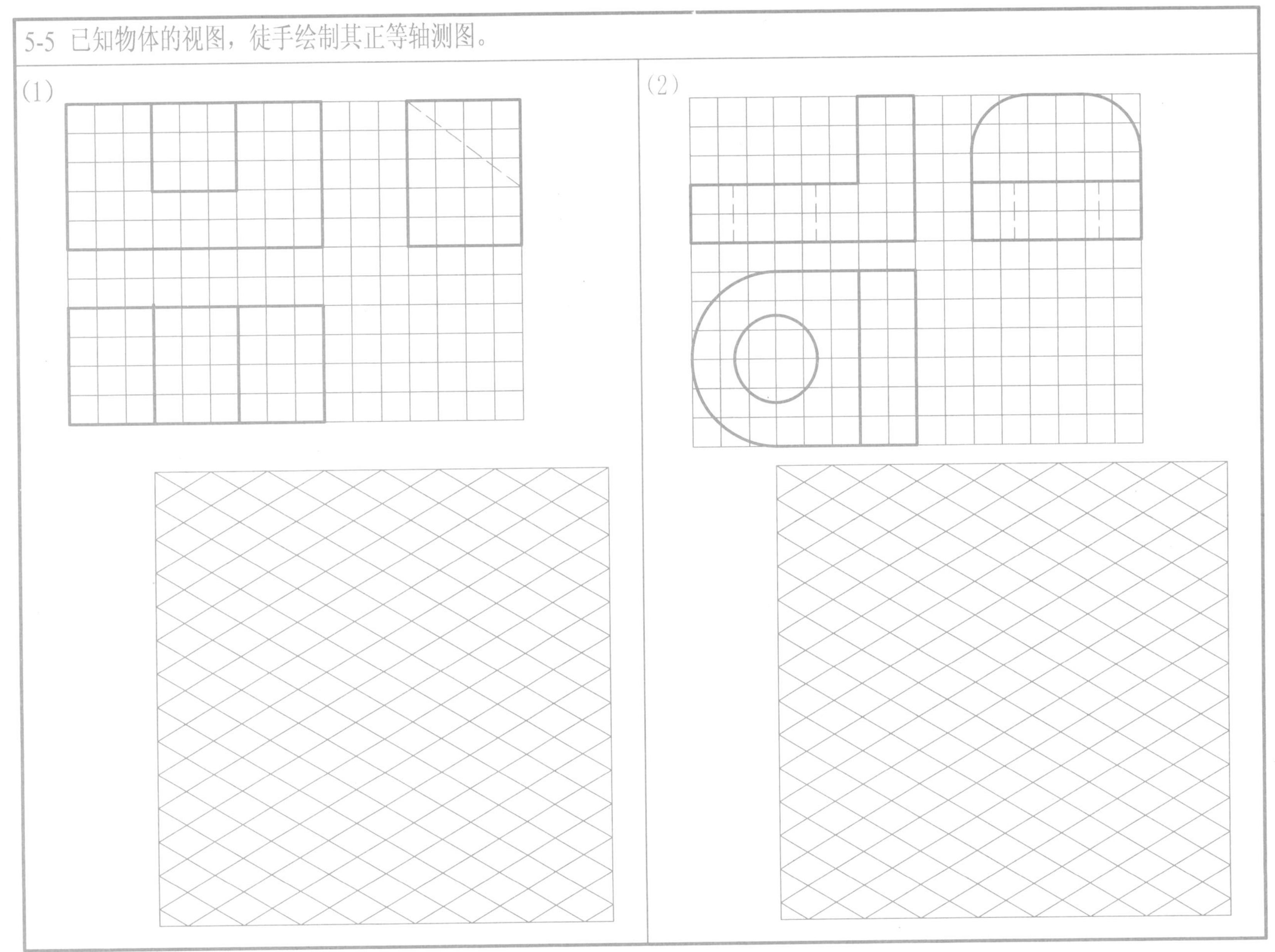

第 6 章　工程形体的常用表达方法

6-1 对照立体图，按立体图箭头所指的方向画出局部视图和斜视图（按立体图上所注的尺寸1:1比例作图）。

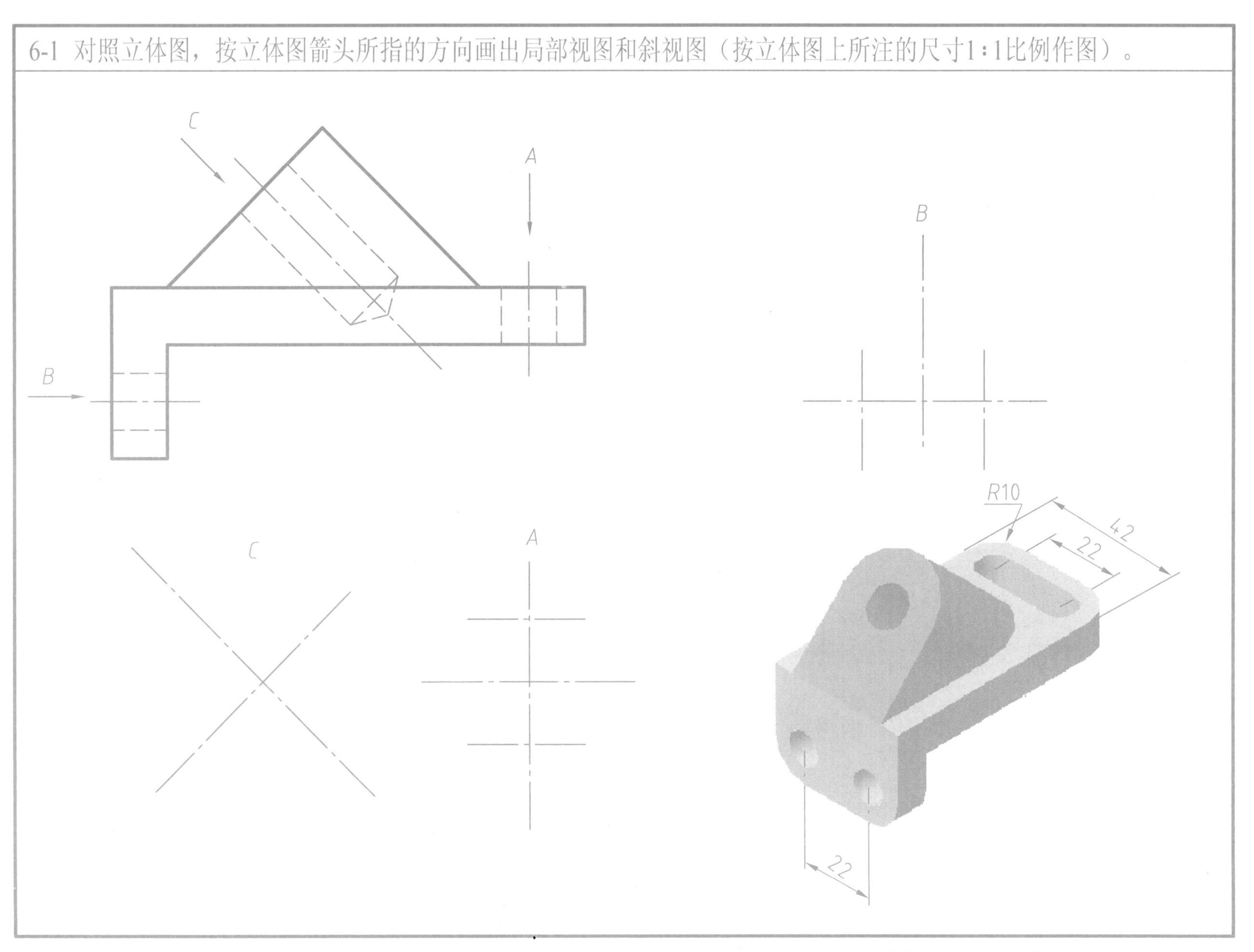

6-2 在指定位置将主视图改画成全剖视图。

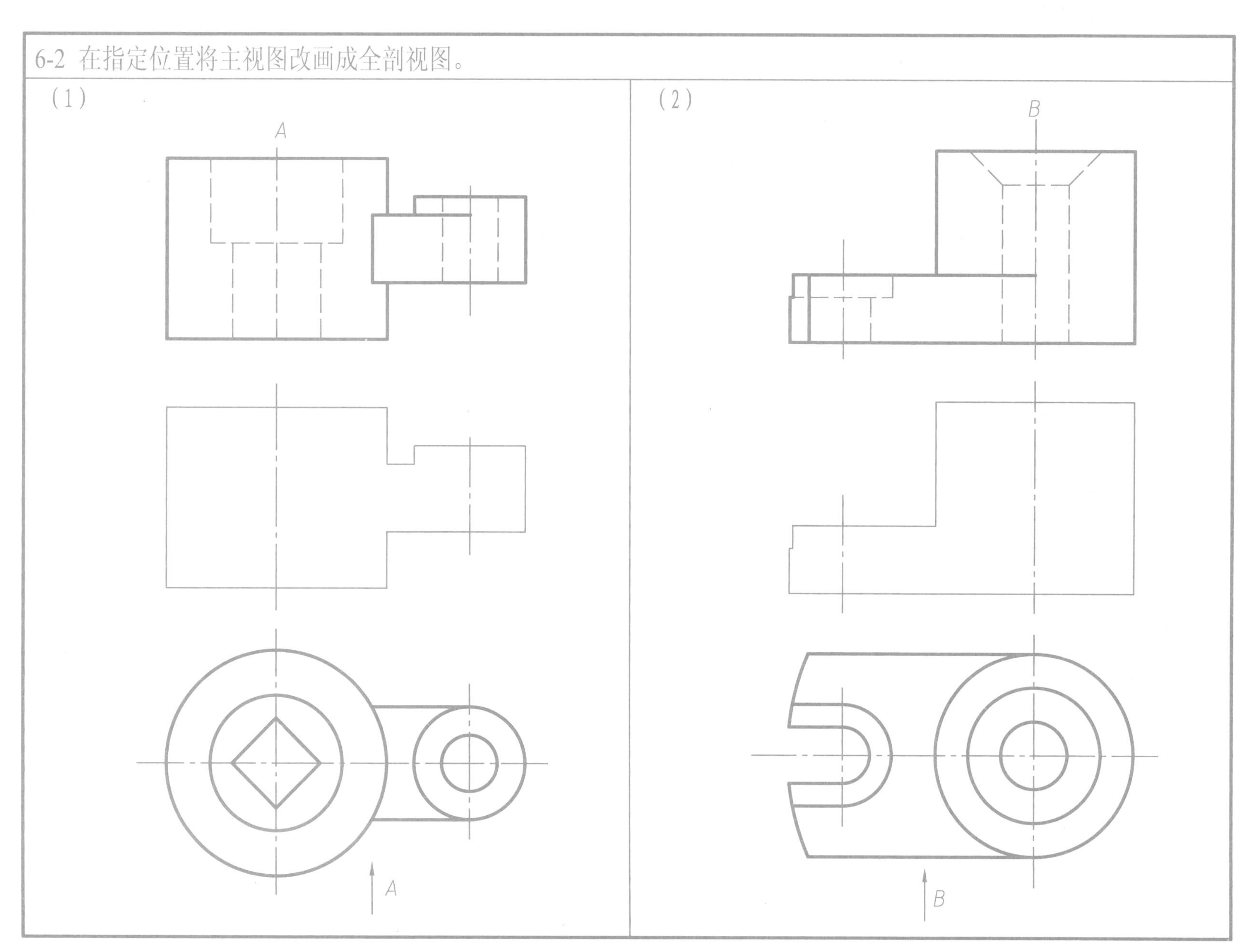

6-3 将主视图在指定位置改画成全剖视图。

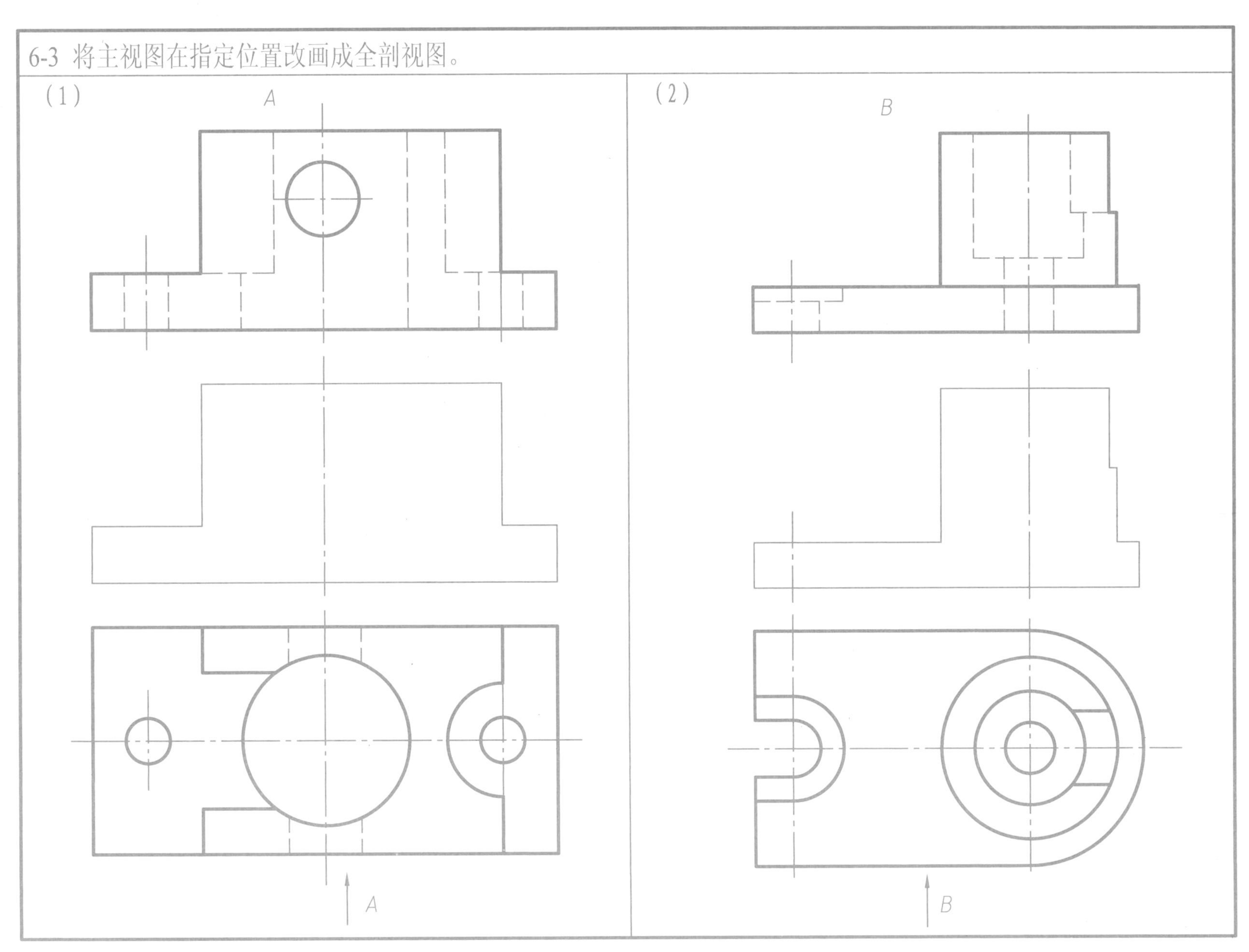

班级　　　　姓名

6-4 补全下列各组剖视图中的漏线。

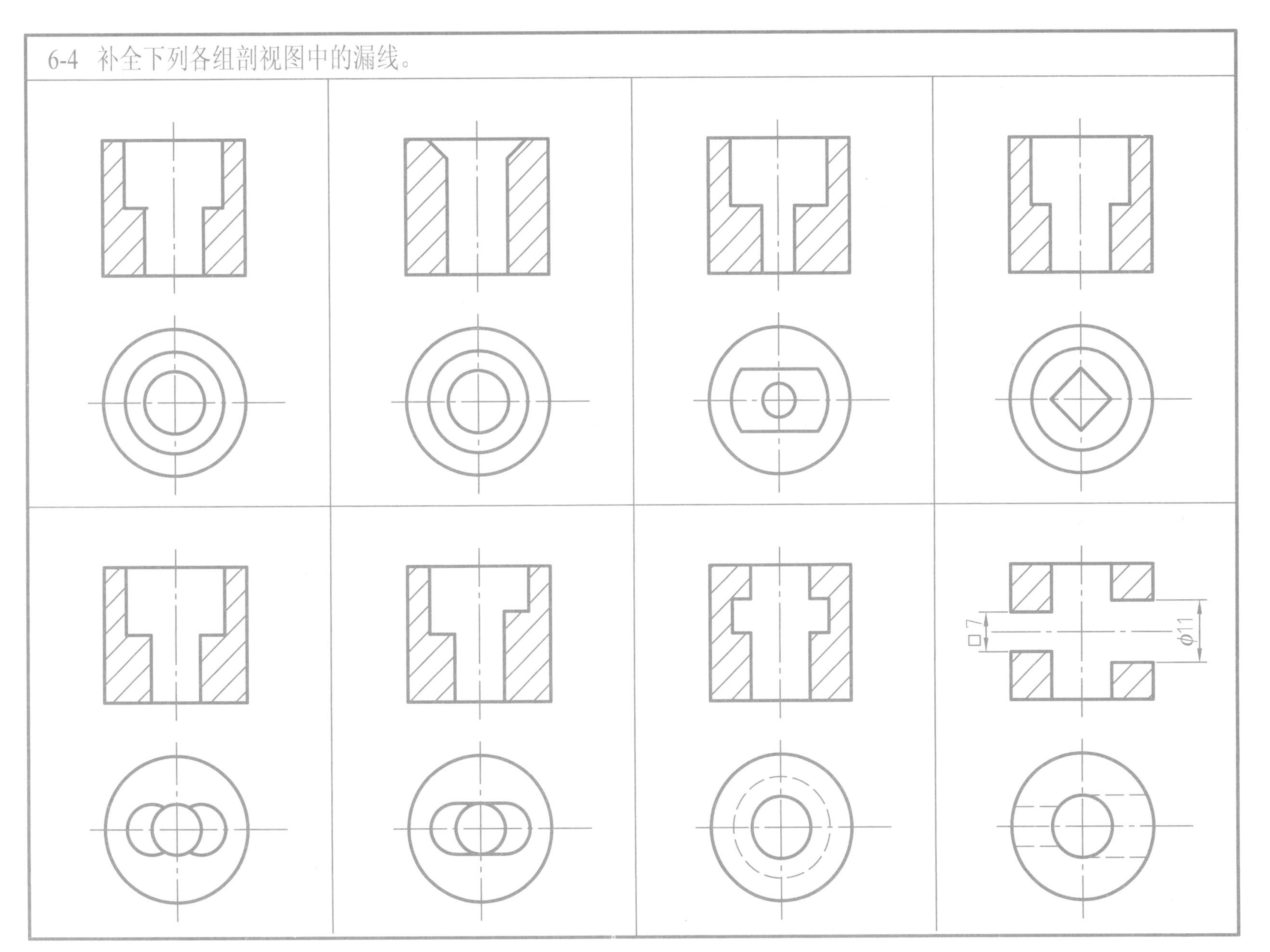

6-5 补全下列两组视图中主视图漏画的图线。

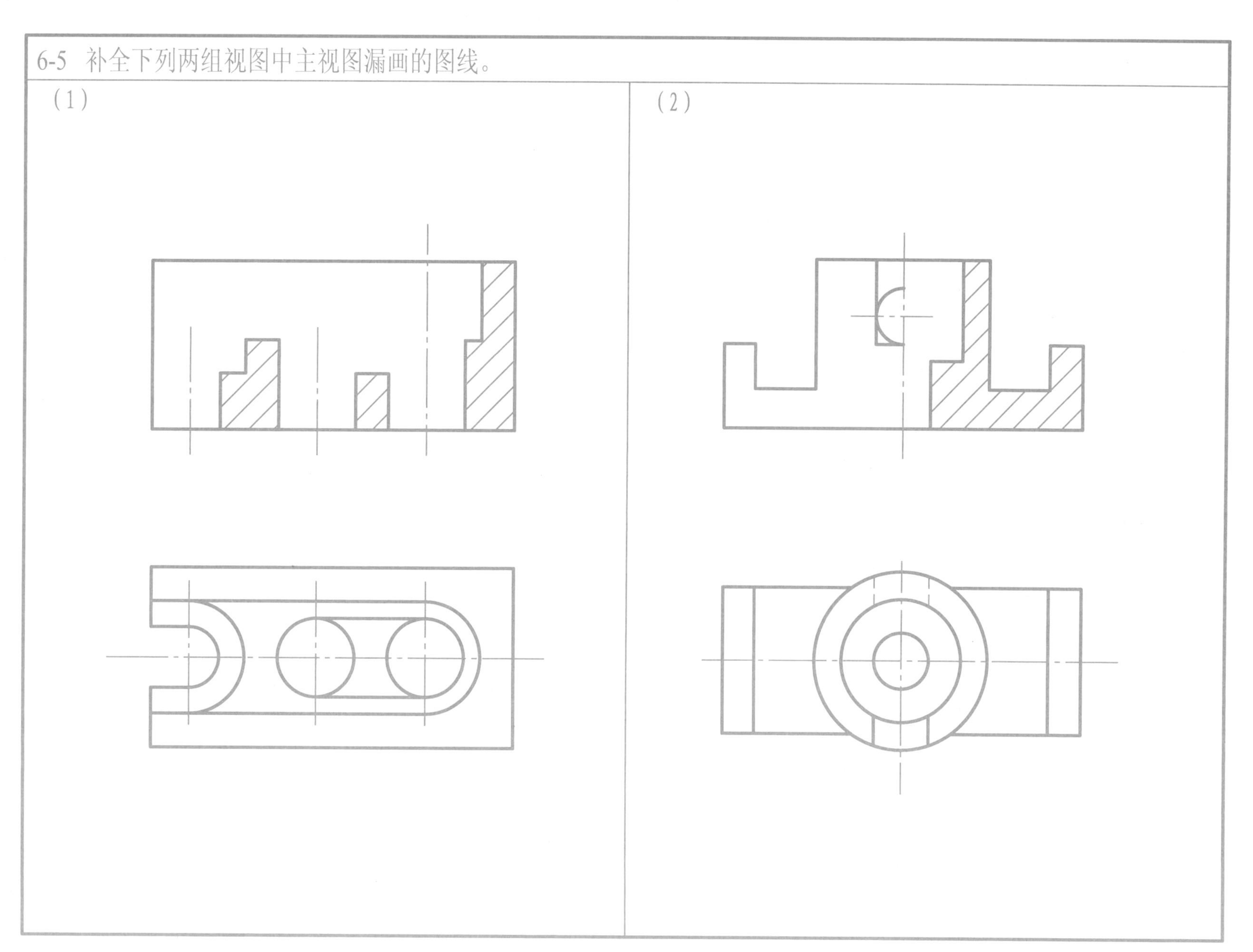

6-6 补画剖视图中漏画的图线。

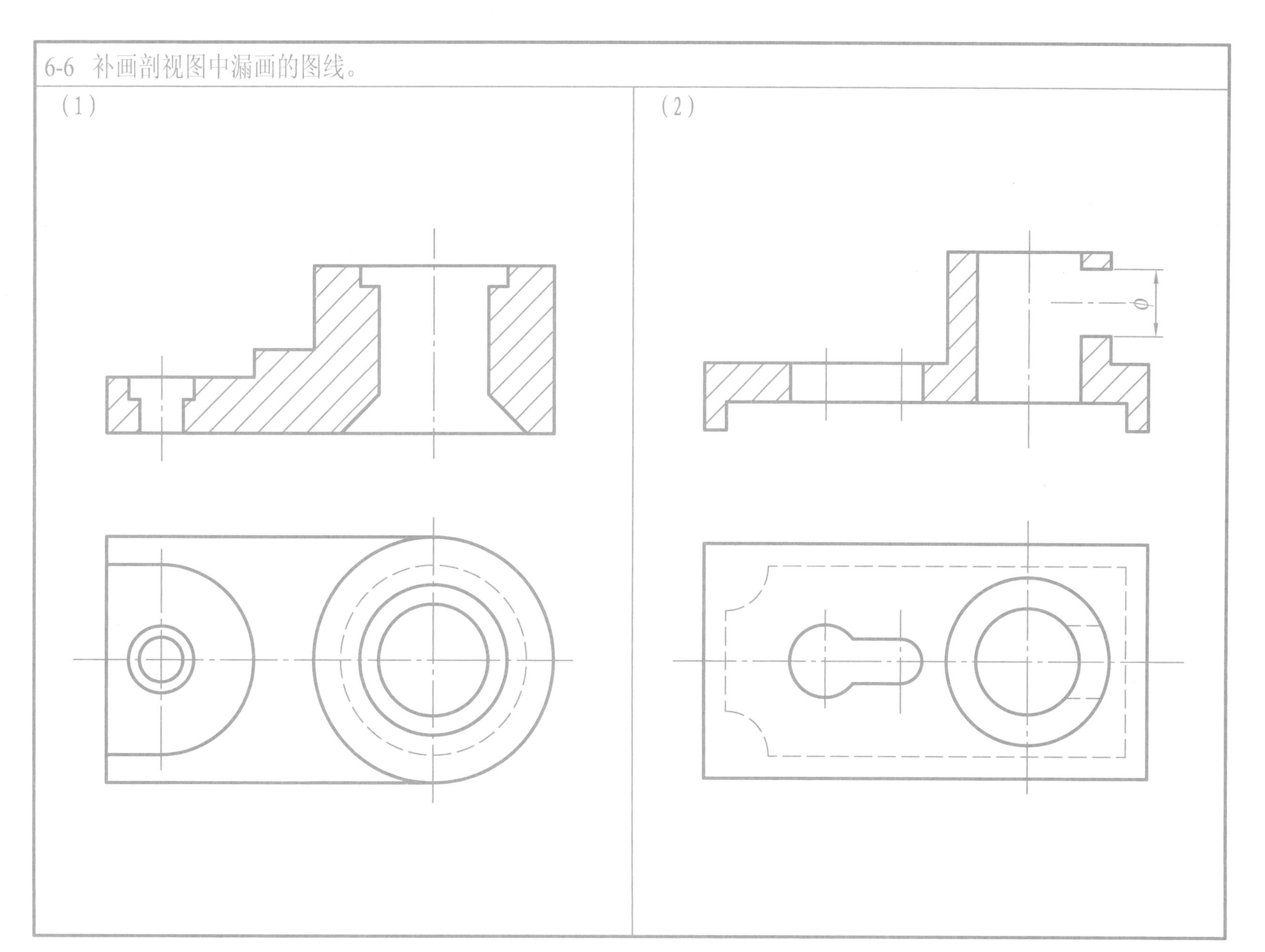

6-7 在指定位置将主视图画成半剖视图。

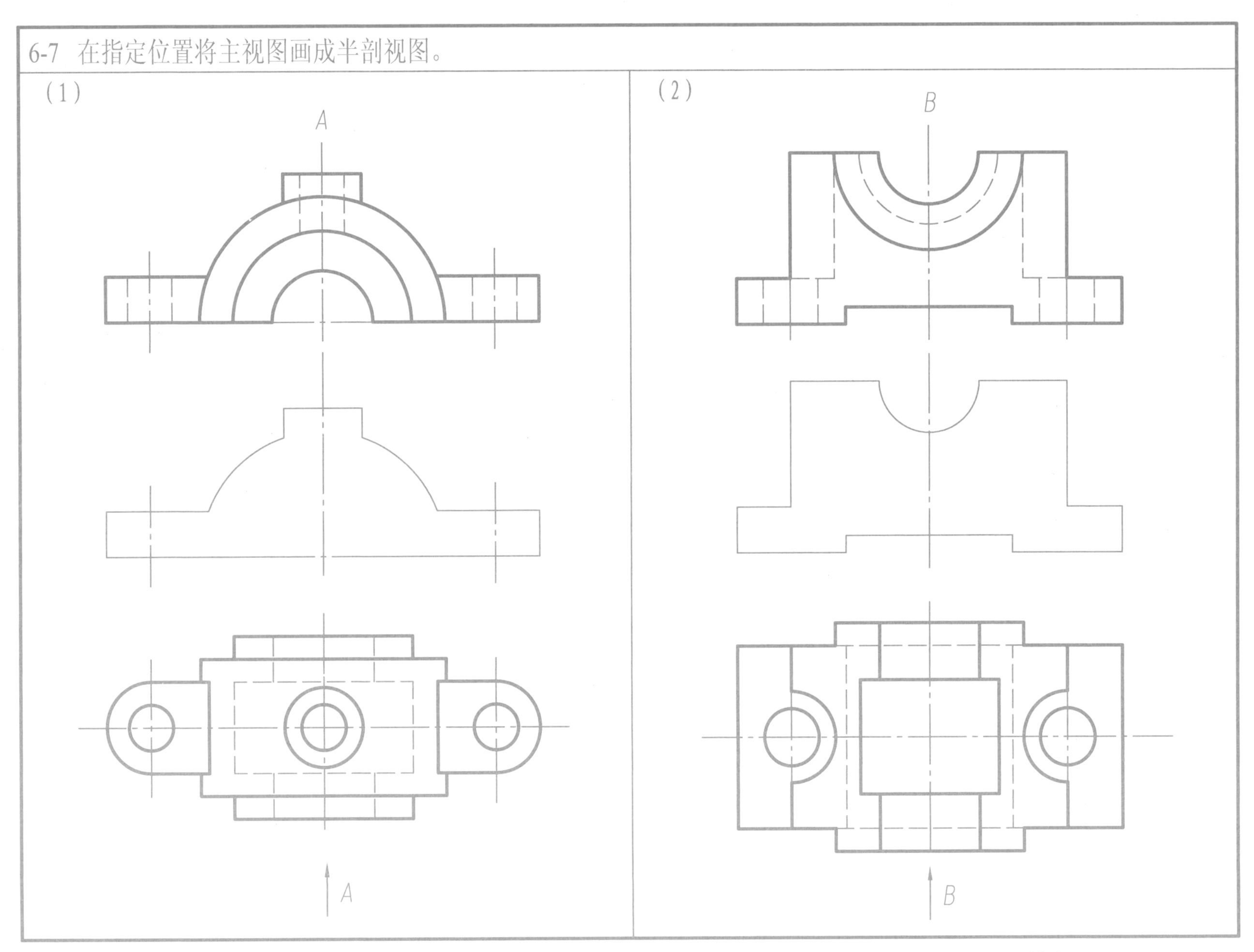

6-8 将主视图画成半剖视图。

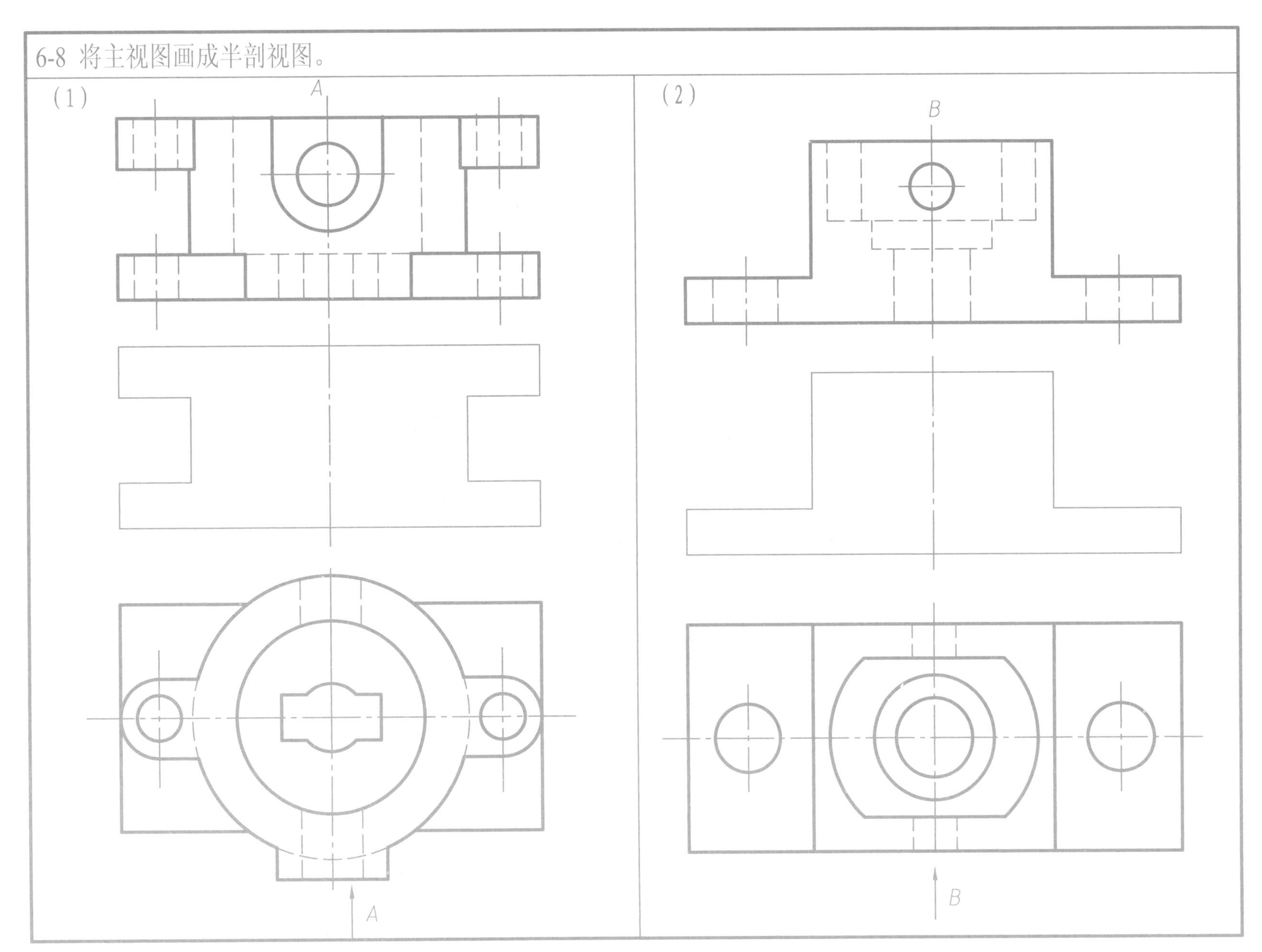

6-9 将主视图画成半剖视图，求作全剖视的左视图。

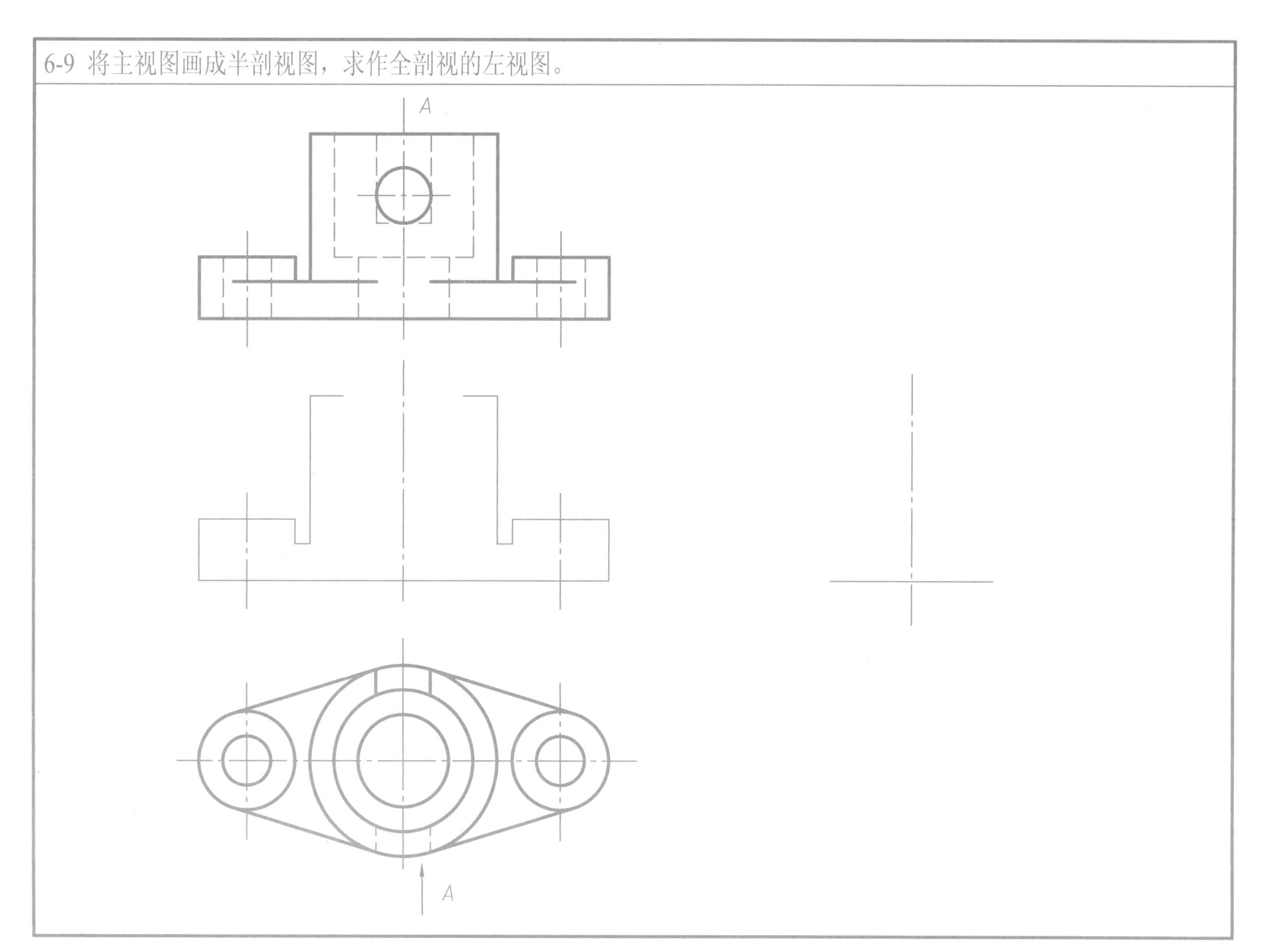

6-10 求作全剖视的主视图，并将左视图画成B—B半剖视图。

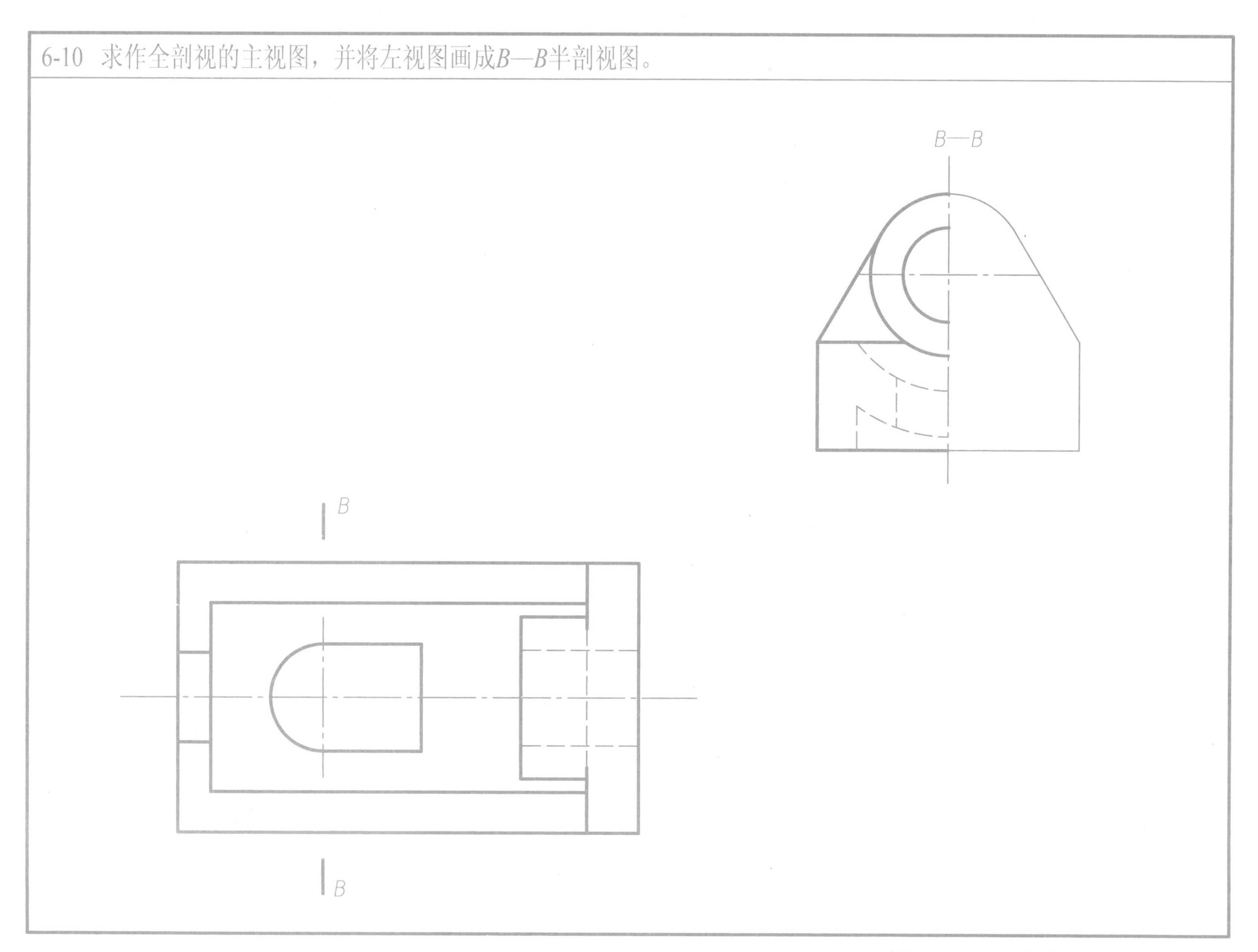

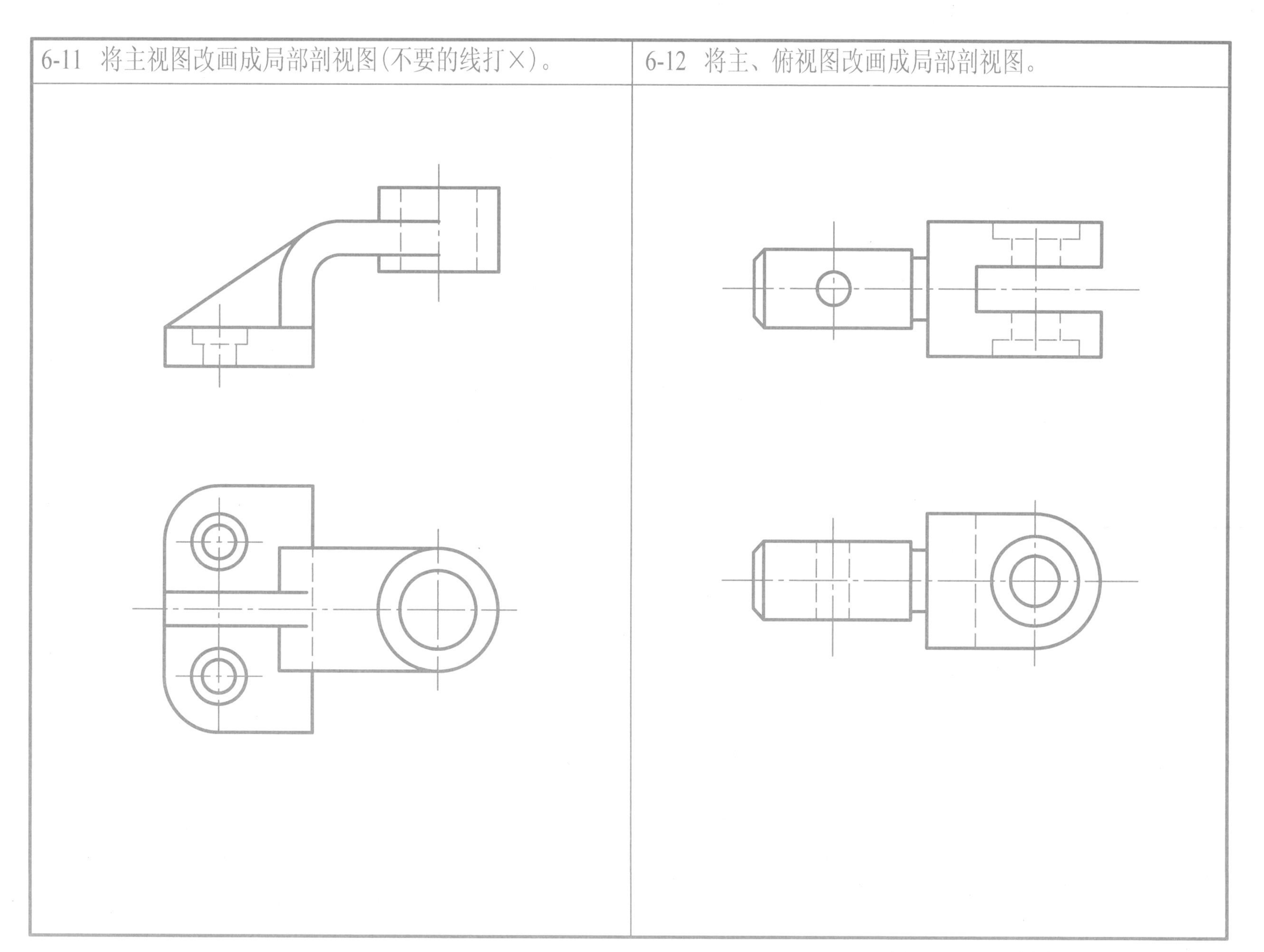
6-11 将主视图改画成局部剖视图(不要的线打×)。
6-12 将主、俯视图改画成局部剖视图。

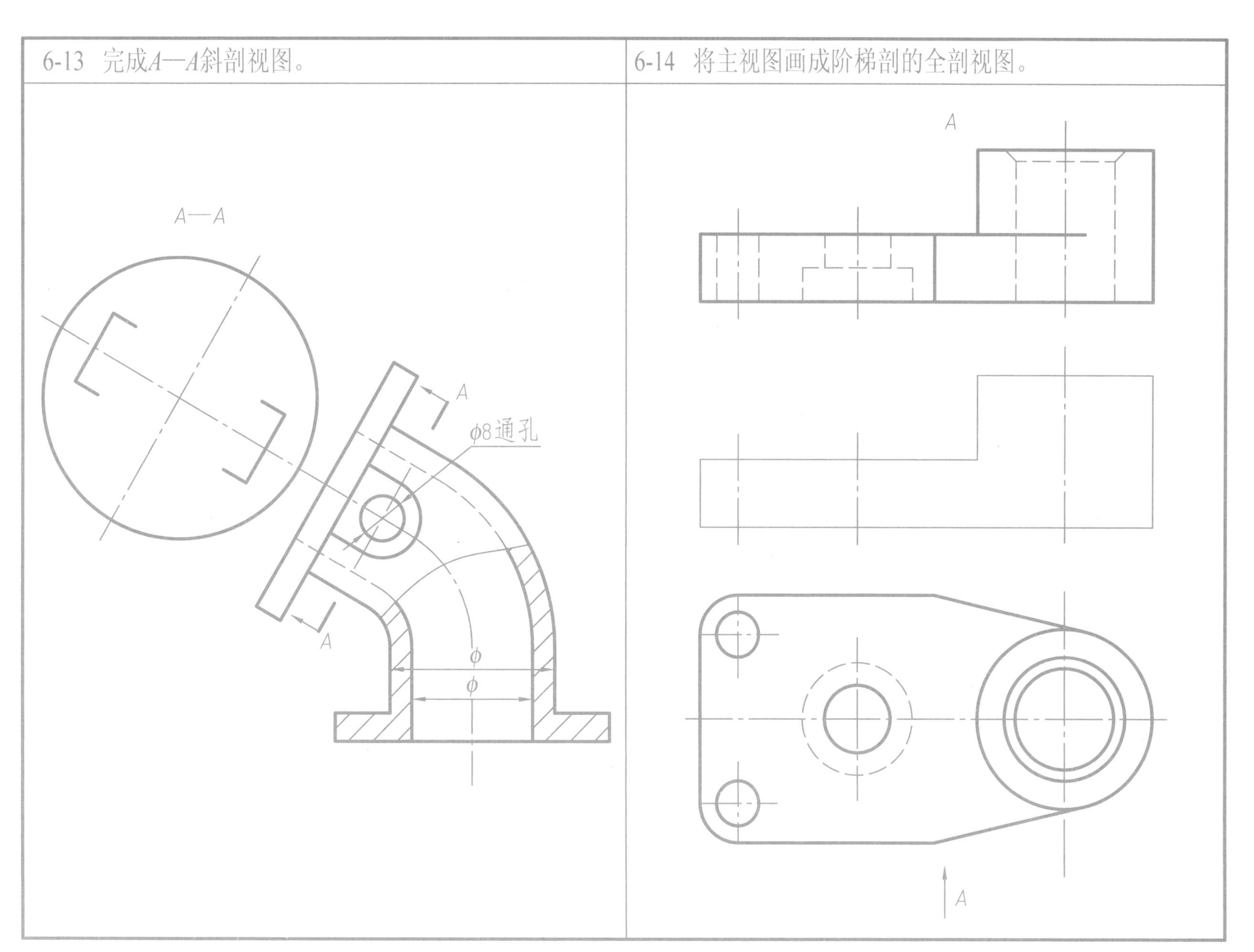

班级　　　　姓名

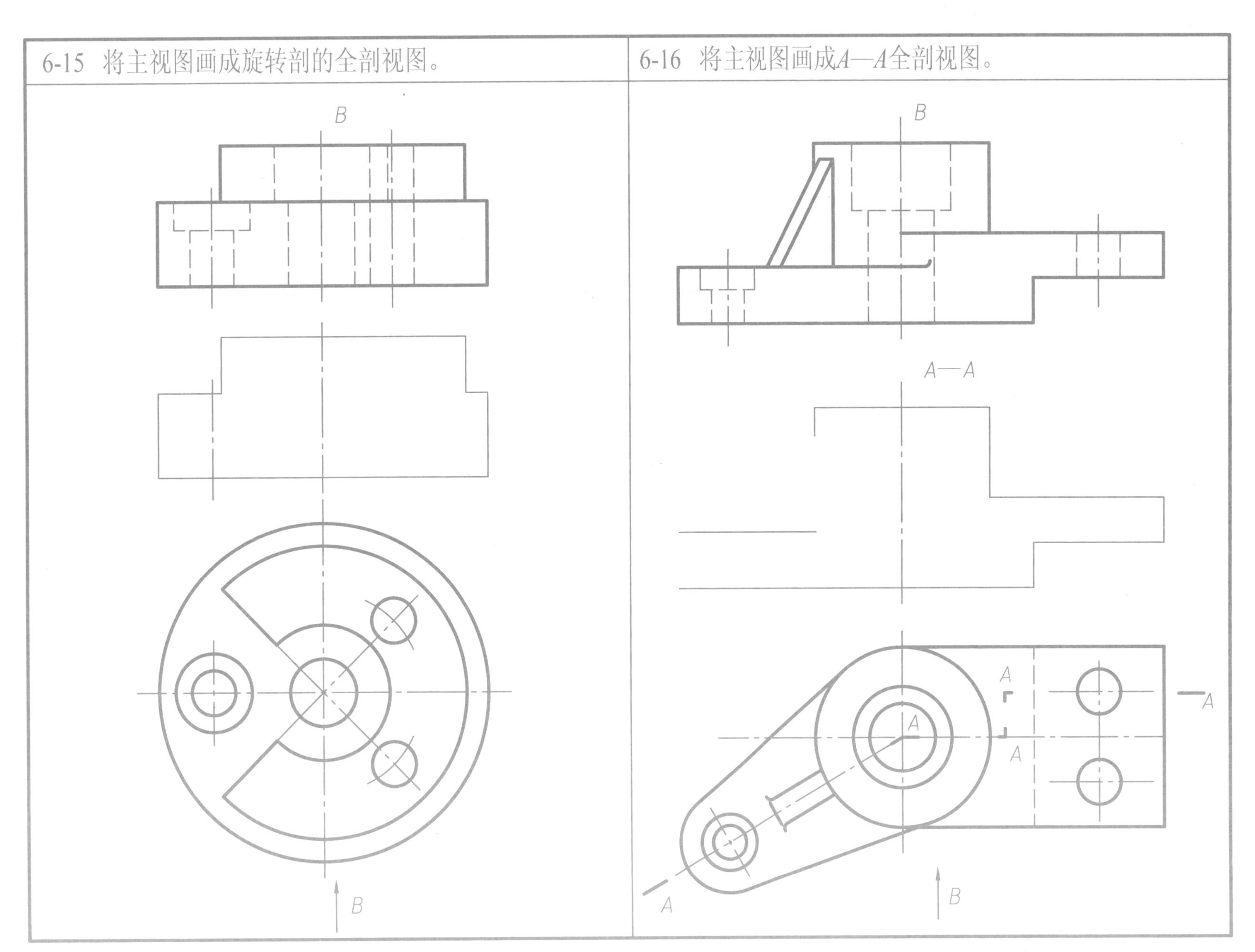
6-15 将主视图画成旋转剖的全剖视图。
6-16 将主视图画成A—A全剖视图。
B
B
B
B
A—A
A
A
A
A
A
A

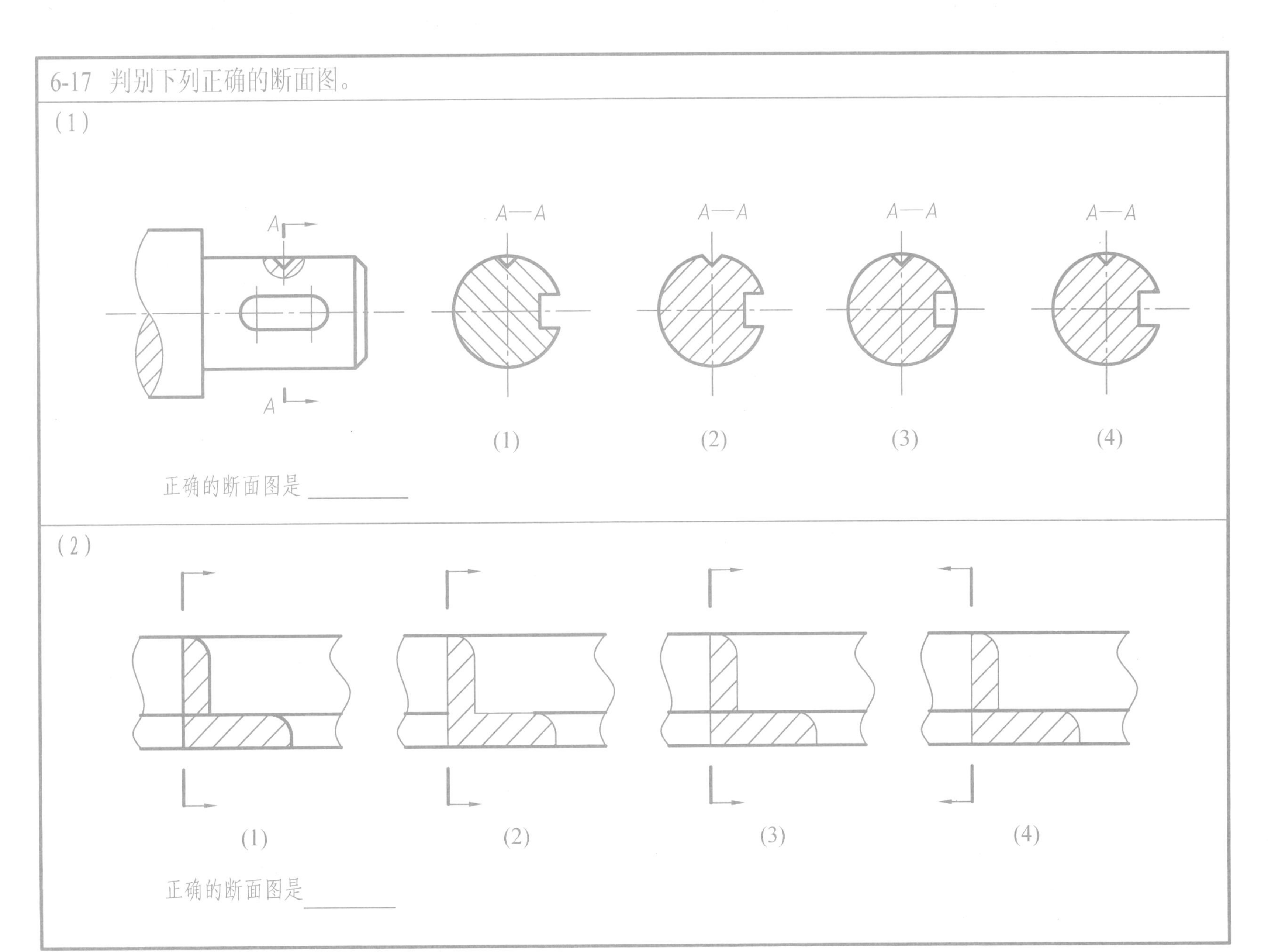
6-17 判别下列正确的断面图。
(1)
A
A
A—A
A—A
A—A
A—A
(1)
(2)
(3)
(4)
正确的断面图是________
(2)
(1)
(2)
(3)
(4)
正确的断面图是________

6-18 按指定位置画出主轴的移出断面图。

6-19 画出$A—A$重合断面图。

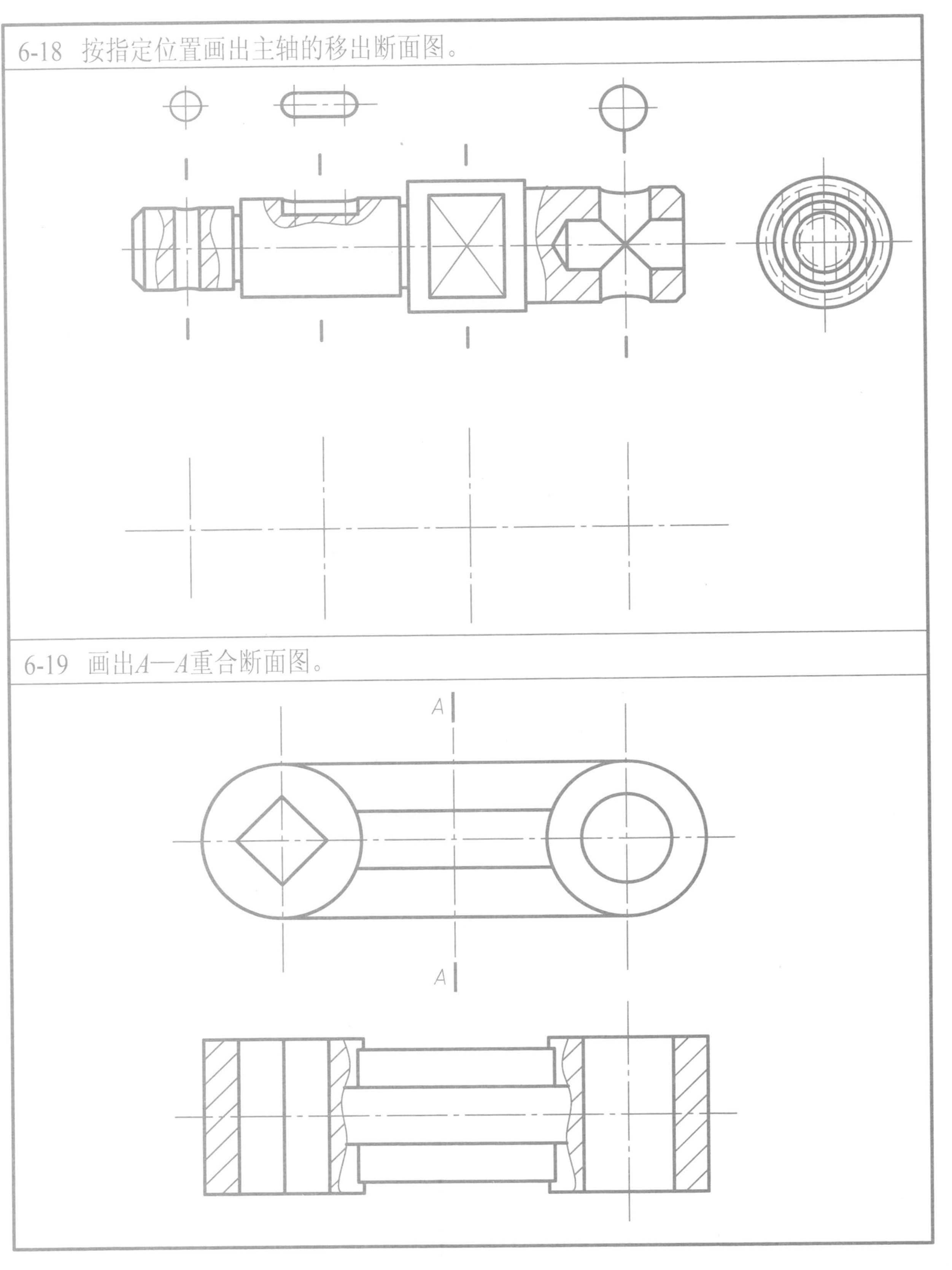

6-20 分析剖视图中的错误，在指定的位置画出正确的剖视图。

6-21 画出A—A全剖的左视图和B—B剖视的俯视图，并在主视图上取局部剖视。

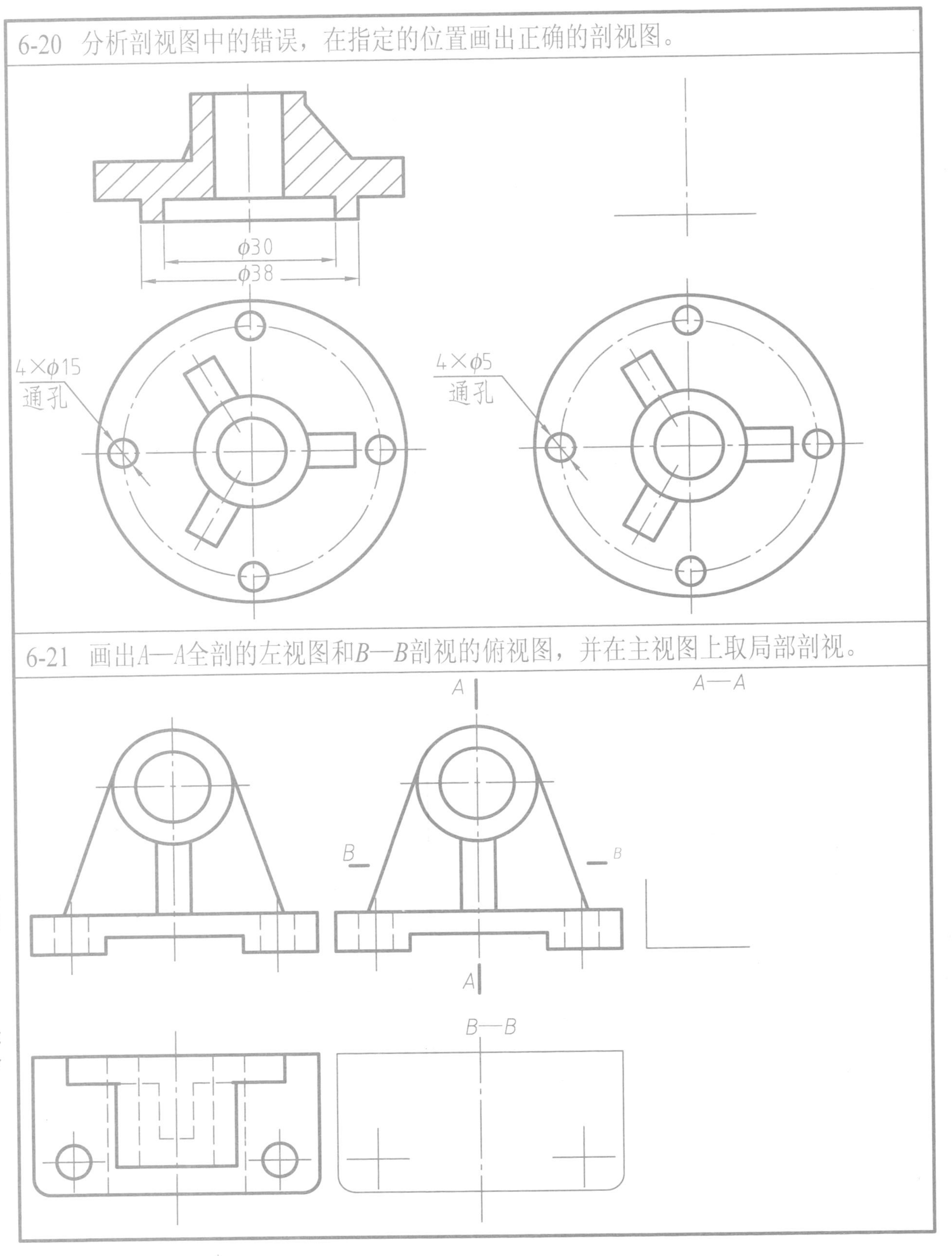

6-22 根据模型画出三视图，取适当剖视，并标注尺寸。

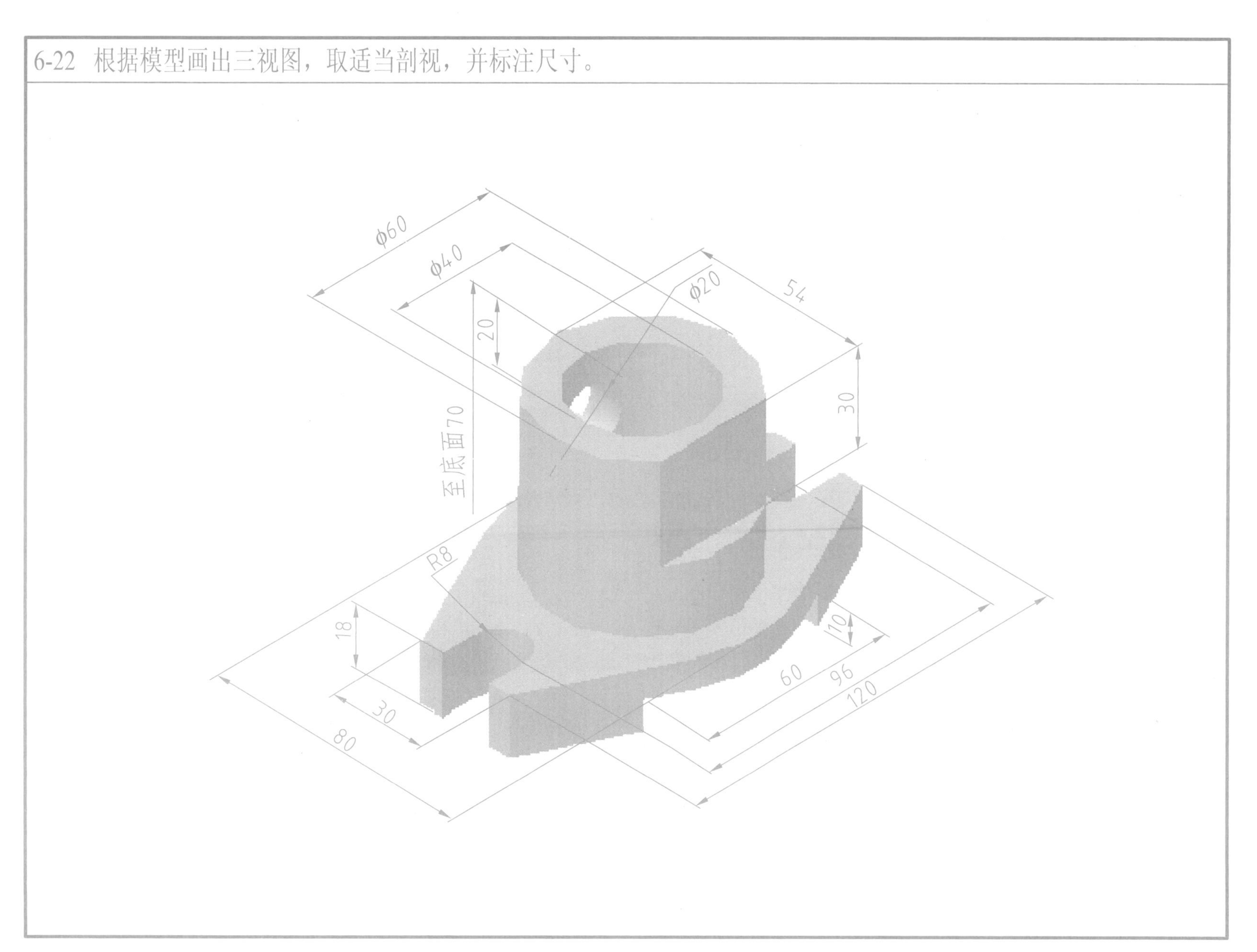

6-23 根据模型画出三视图，取适当剖视，并标注尺寸。

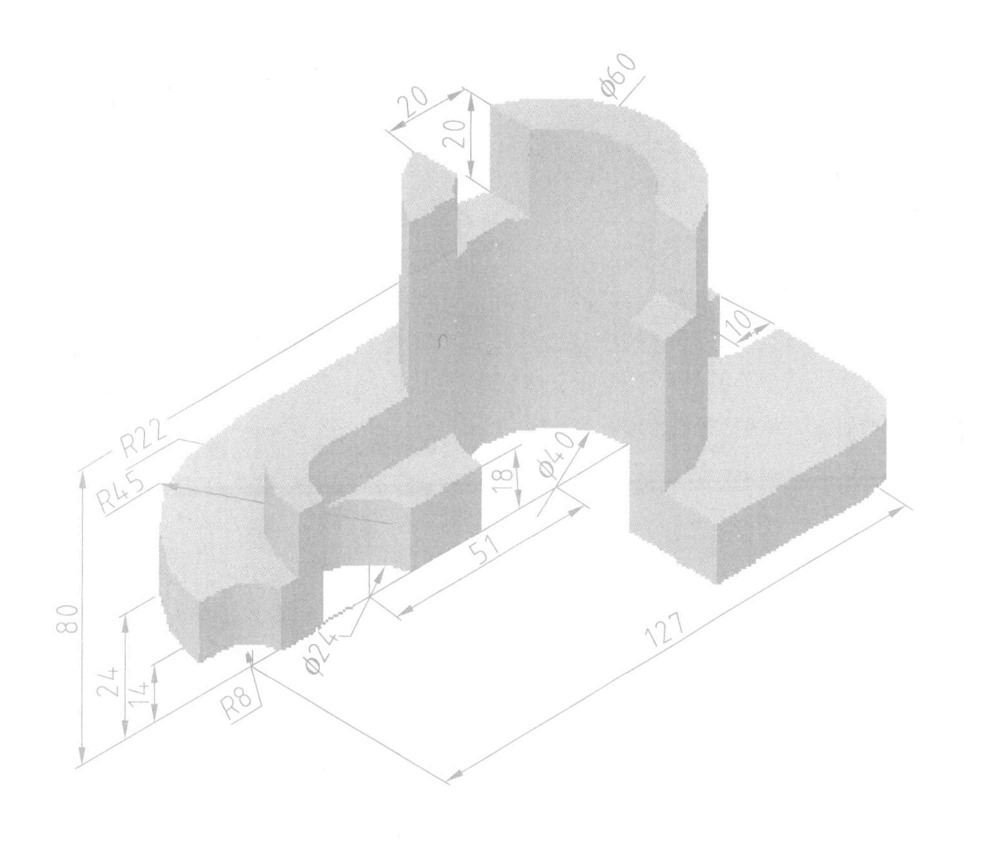

第 7 章　常用工程图样介绍

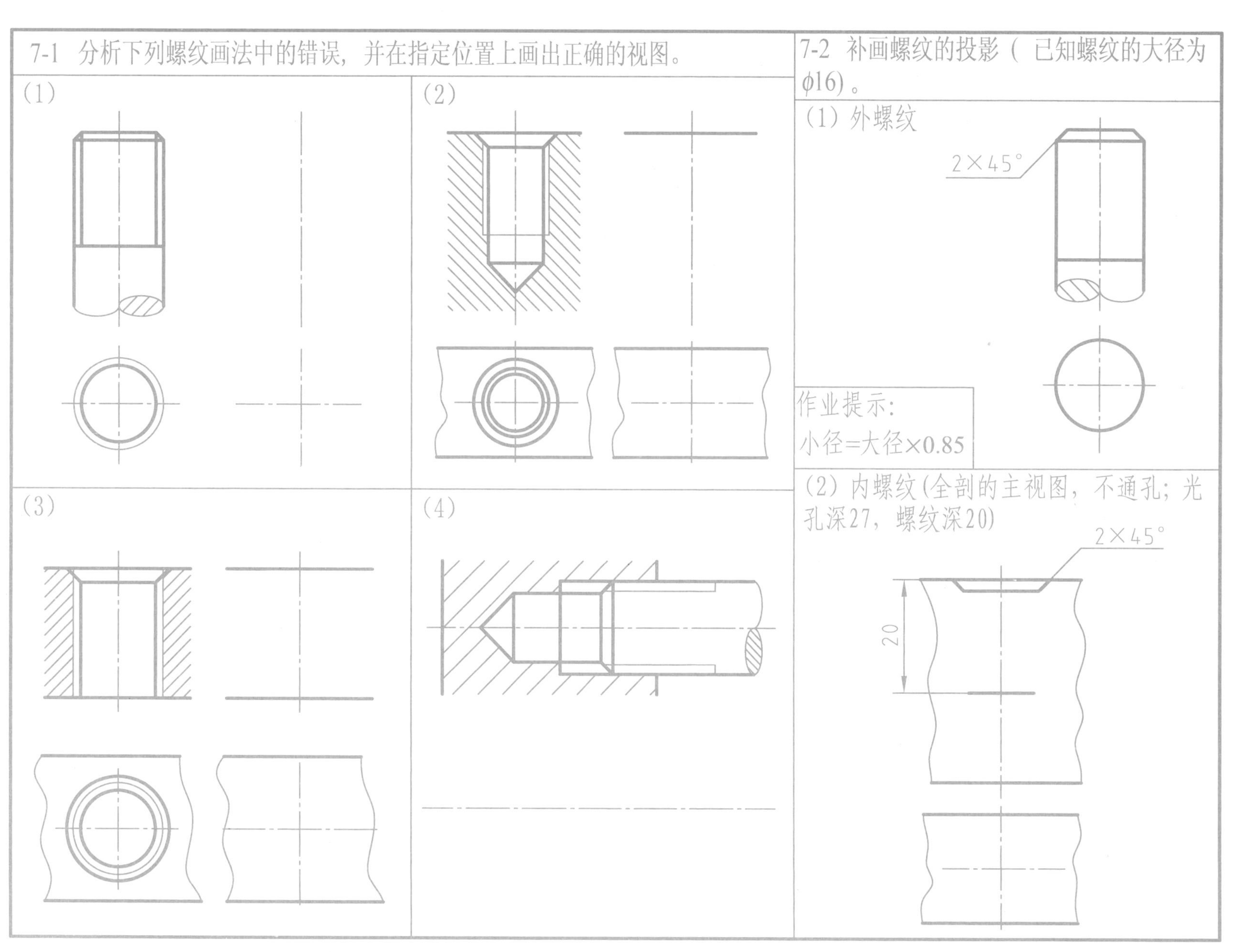
7-1 分析下列螺纹画法中的错误，并在指定位置上画出正确的视图。
(1)
(2)
(3)
(4)
7-2 补画螺纹的投影（已知螺纹的大径为ϕ16）。
(1) 外螺纹
2×45°
作业提示：
小径=大径×0.85
(2) 内螺纹(全剖的主视图，不通孔；光孔深27，螺纹深20)
2×45°
20

7-3 根据给定的螺纹要素，对螺纹加以标注。

(1)粗牙普通螺纹，大径20，螺距2.5，单线，左旋，螺纹公差为：中径5g、顶径6g，中等旋合长度。

(2)细牙普通螺纹，大径16，螺距1，单线，右旋，螺纹公差：中径、顶径均为6H，螺孔深30，钻孔深度为35。

(3)梯形螺纹，大径20，导程8，线数2，右旋，中径公差带代号为7e，长旋合长度。

(4)非螺纹密封的管螺纹，尺寸代号为3/4，公差等级为A，右旋。

7-4 根据下图中标注的螺纹代号，填空说明螺纹的各要素。

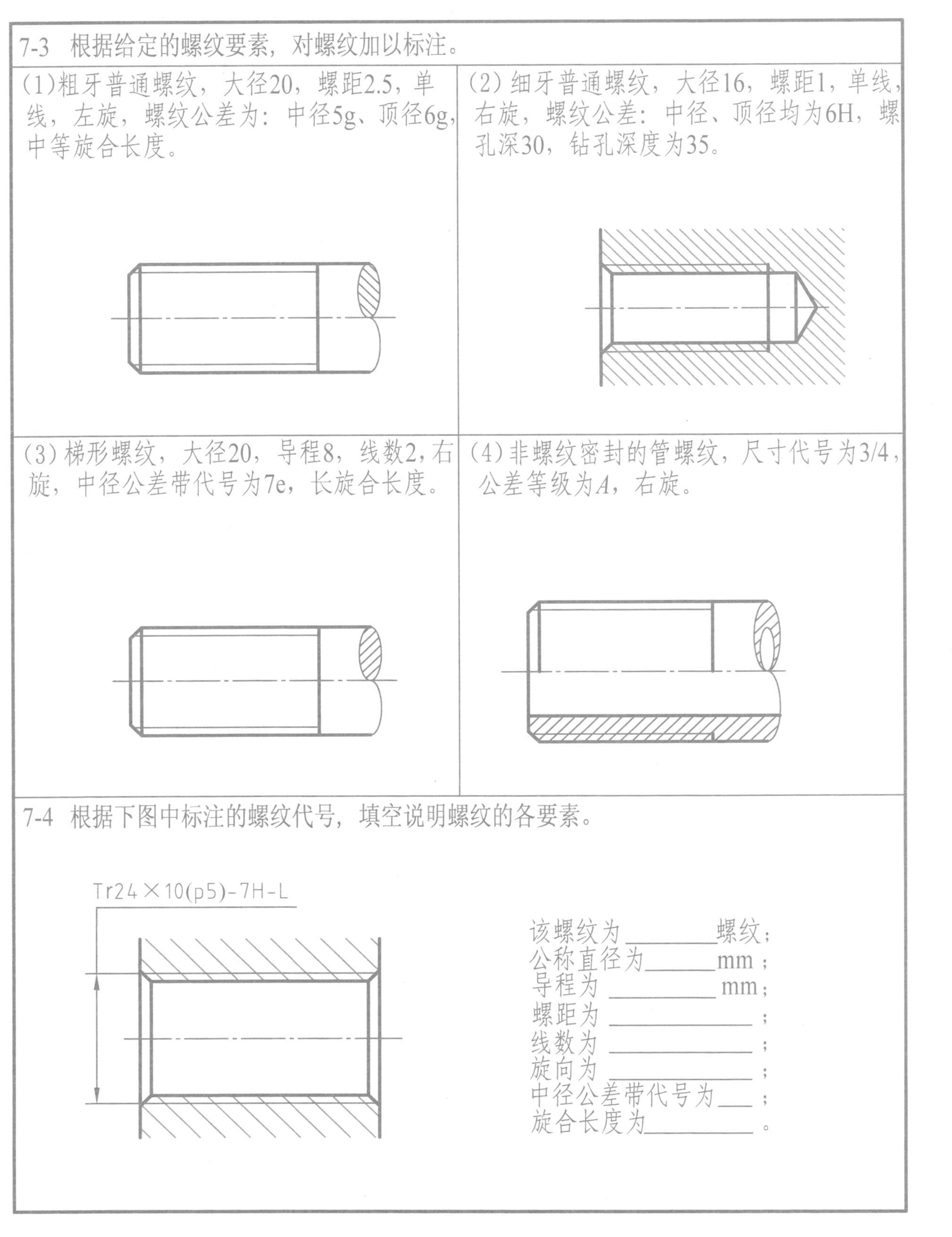

该螺纹为________螺纹；
公称直径为______mm；
导程为________mm；
螺距为__________；
线数为__________；
旋向为__________；
中径公差带代号为___；
旋合长度为________。

7-5 查表标注下列螺纹紧固件的部分尺寸，并写出其规定标记。

（1）六角头螺栓（GB/T 5780—2000），螺栓规格：大径 d=12mm，公称长度l=50mm。

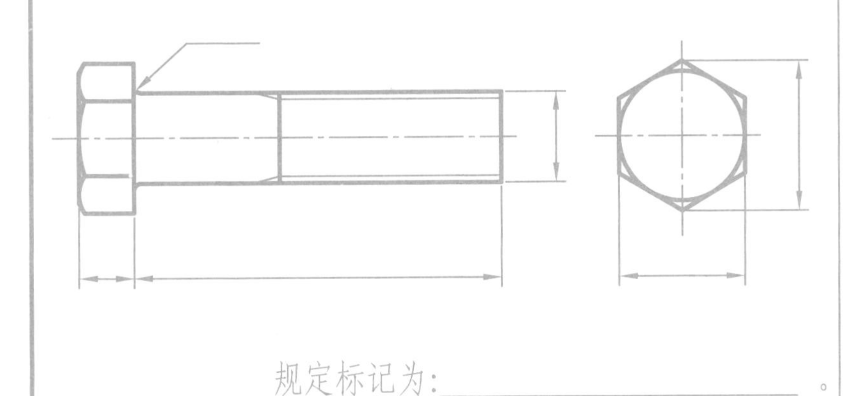

规定标记为：______________________。

（2）I型六角螺母（GB/T 6170—2000），螺栓规格：大径 D=12mm。

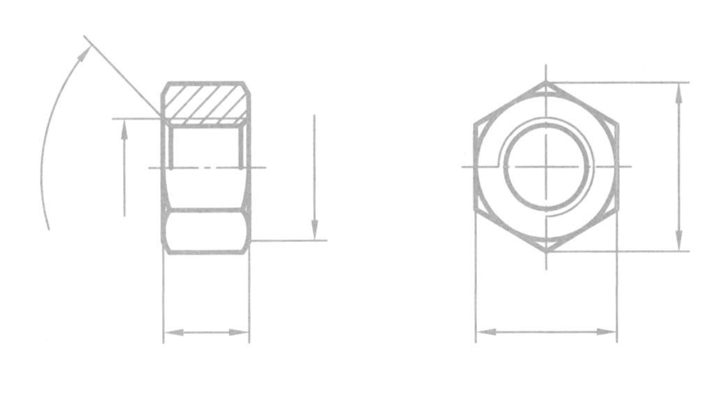

规定标记为：______________________。

（3）开槽圆柱头螺钉（GB/T 65—2000），螺栓规格：大径 d=10mm，公称长度l=50mm。

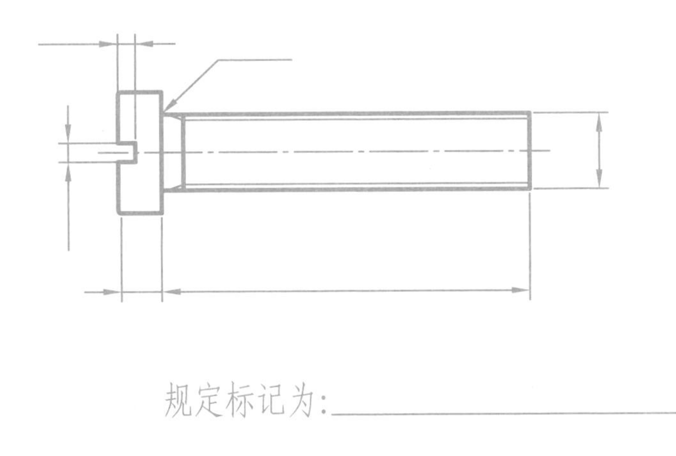

规定标记为：______________________。

（4）平垫圈（GB/T 97.1—2002），公称直径d=12mm。

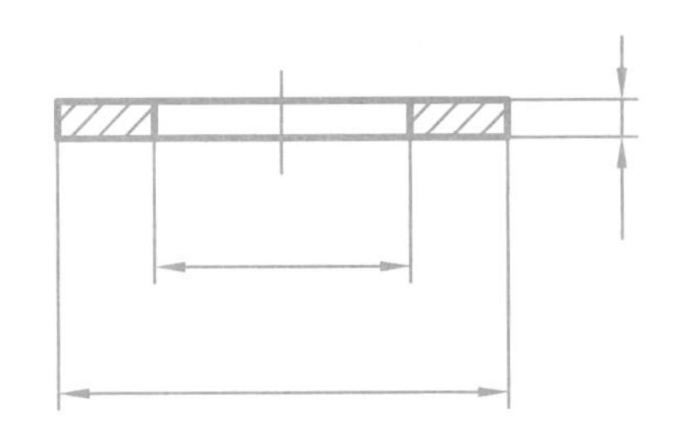

规定标记为：______________________。

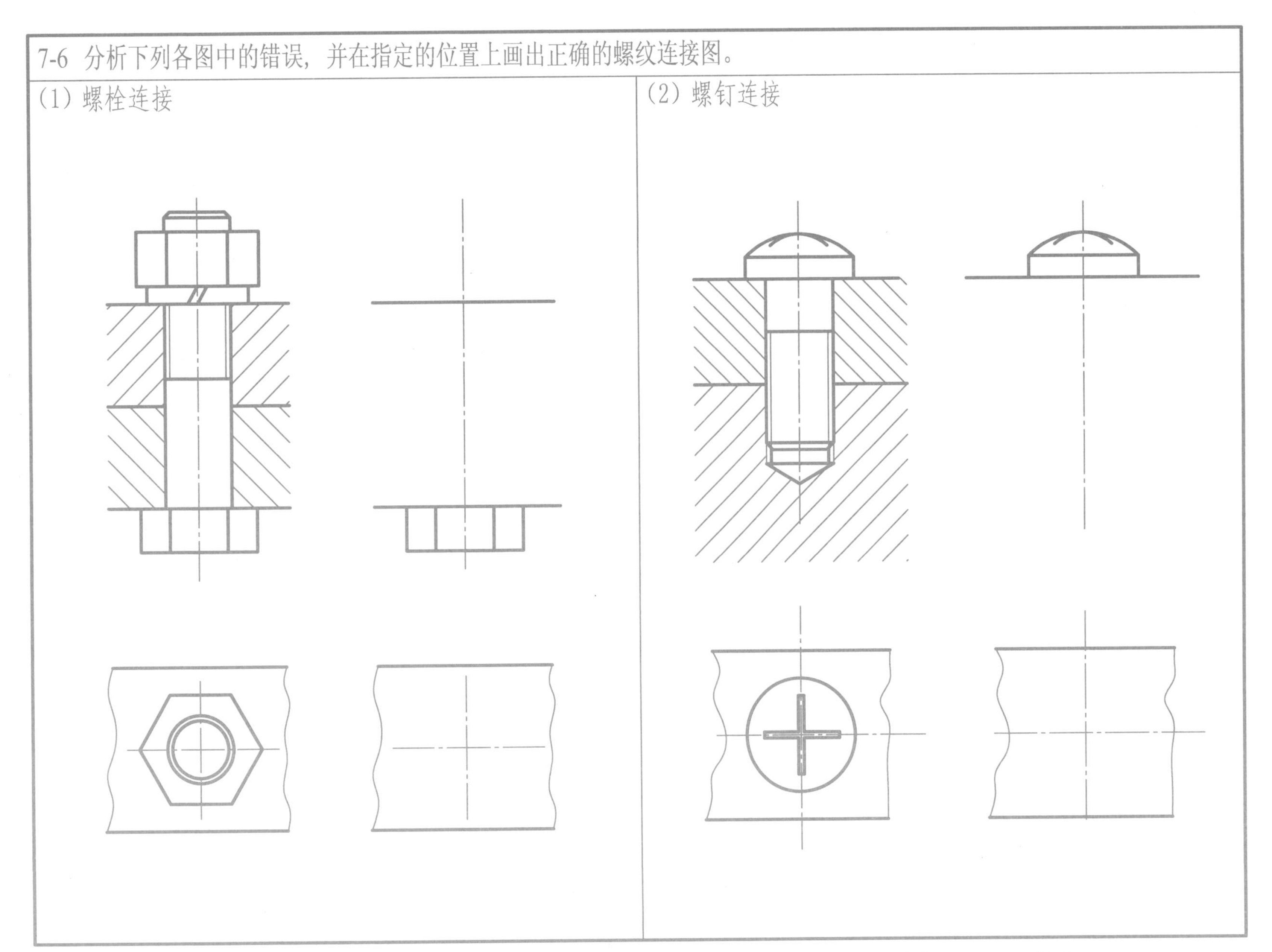
7-6 分析下列各图中的错误，并在指定的位置上画出正确的螺纹连接图。
(1) 螺栓连接
(2) 螺钉连接

7-7 下图中轴与孔采用的是A型普通平键连接。轴和孔的公称直径为ϕ20，键长25。试查表确定键和键槽的尺寸，完成键连接图，并写出键的规定标记。

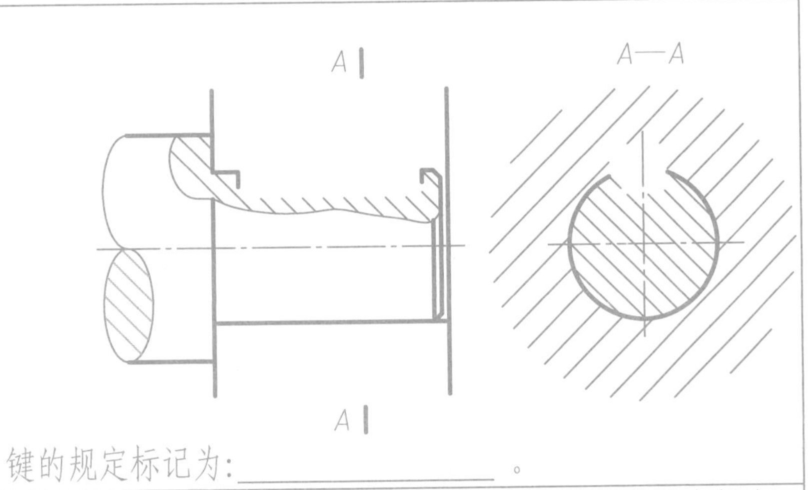

键的规定标记为:________________。

7-8 下图中齿轮和轴采用圆柱销连接。已知销的公称直径为6，公差带为m6，公称长度为26，材料为不淬火钢。试补全圆柱销连接图，并写出销的规定标记。

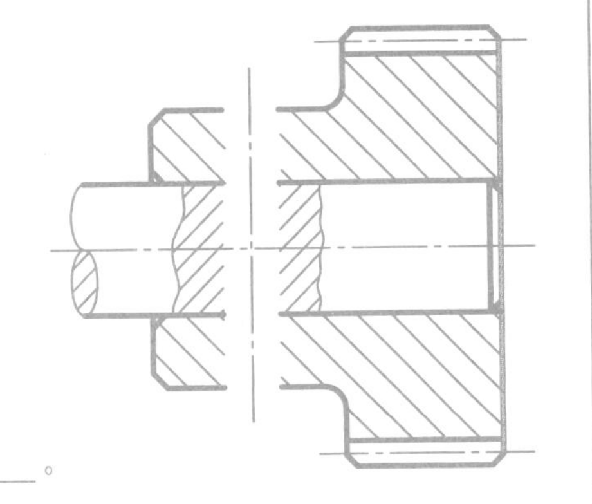

销的规定标记为:

________________。

7-9 用1:1的比例画出圆柱螺旋压缩弹簧的全剖视图。已知簧丝直径d=8mm,弹簧外径D=50mm，节距l=12mm，有效圈数n=8，总圈数n_1=10.5，右旋。

作业提示：画图前应计算出，

自由高度$H_0=nt+(n_0-0.5)d=$____，支撑圈数$n_0=n_1-n=$____，中径$D_2=D-d=$____。

班级　　　　姓名

7-10 一对渐开线标准直齿圆柱齿轮的参数如右表所示，试计算出两齿轮的主要尺寸，并用1:2的比例画出两齿轮啮合时的主视图和全剖的左视图。

	小齿轮	大齿轮
模数m	4	4
齿数z	18	30

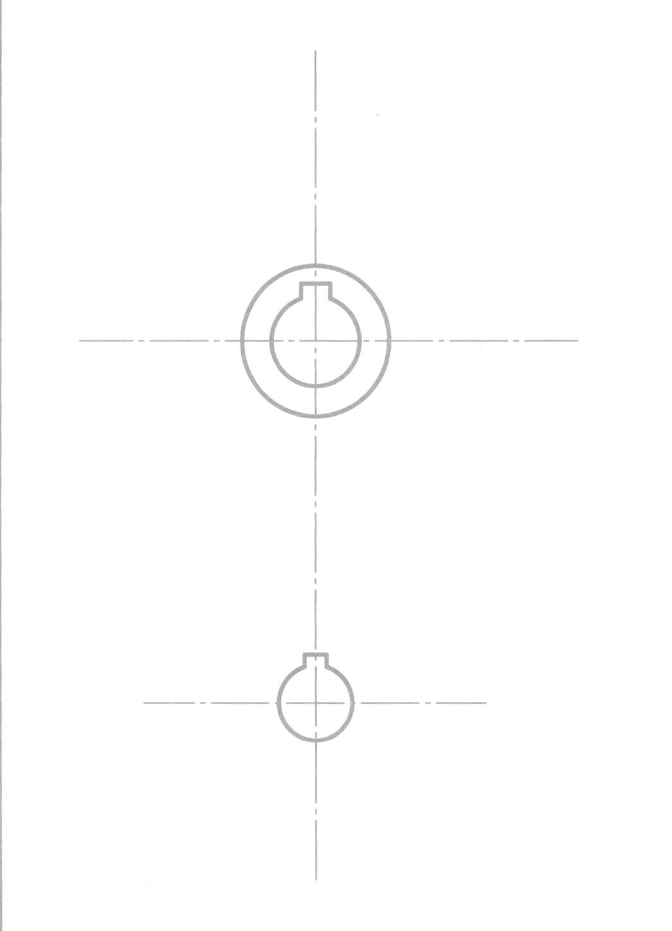

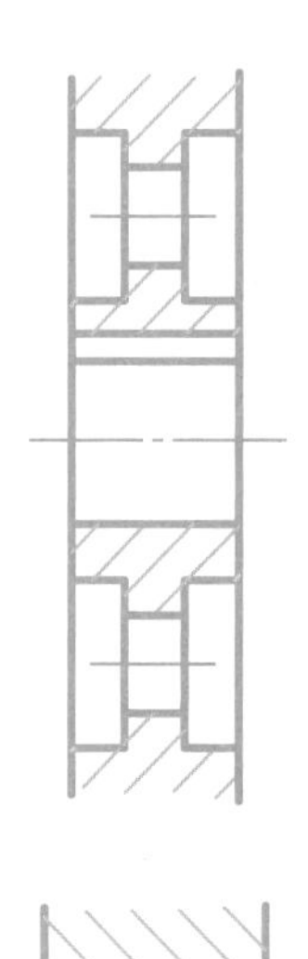

小齿轮：

分度圆直径：$d_1=mz_1=$________；

齿顶圆直径：$d_{a1}=d_1+2m=$________；

齿根圆直径：$d_{f1}=d_1-2.5m=$________。

大齿轮：

分度圆直径：$d_2=mz_2=$________；

齿顶圆直径：$d_{a2}=d_2+2m=$________；

齿根圆直径：$d_{f2}=d_1-2.5m=$________。

中心距：$a=0.5m(z_1+z_2)=$________。

7-11 看懂心轴的零件图，画出*B*—*B*断面图，并填空回答问题。

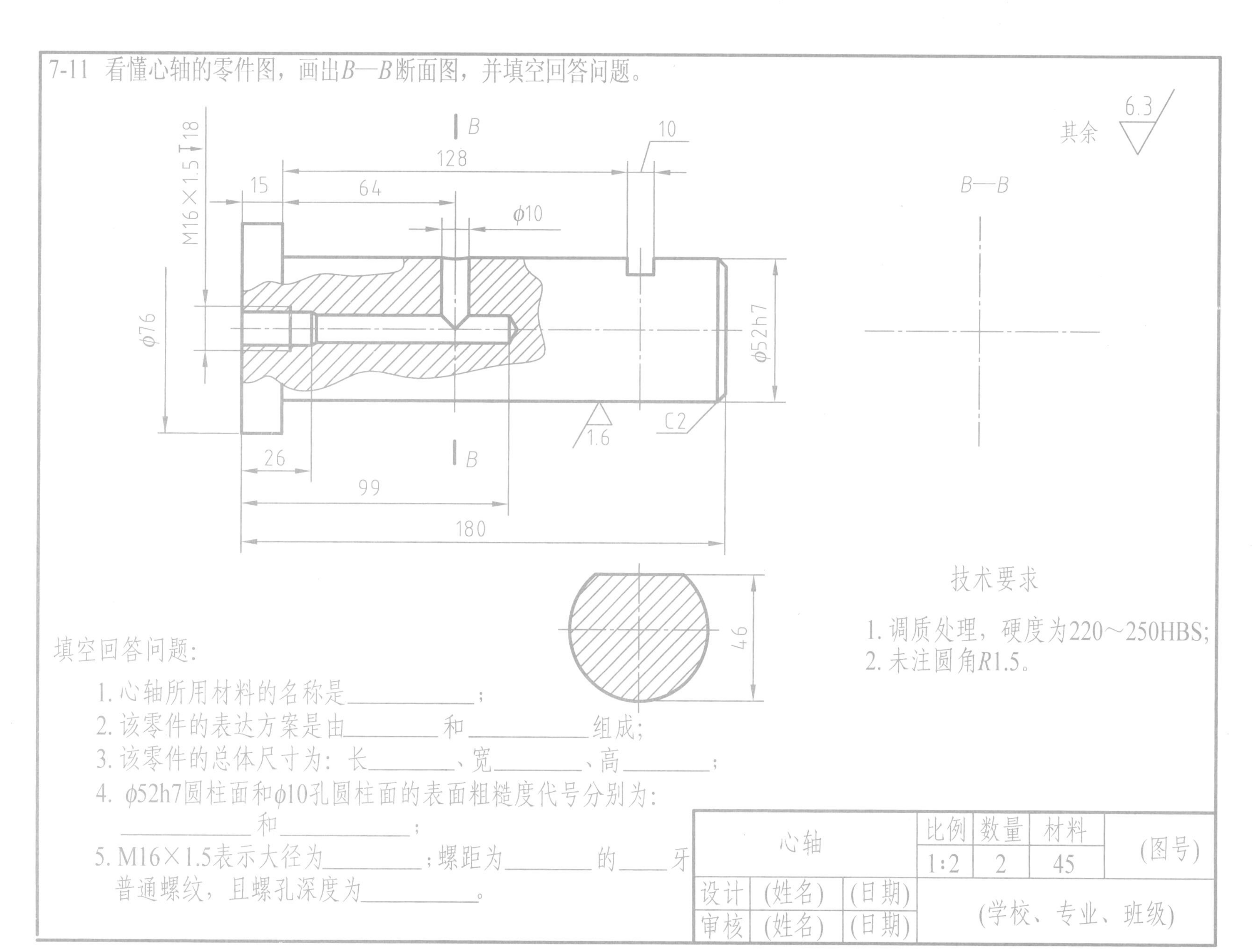

技术要求

1. 调质处理，硬度为220～250HBS；
2. 未注圆角*R*1.5。

填空回答问题：

1. 心轴所用材料的名称是____________；
2. 该零件的表达方案是由__________和____________组成；
3. 该零件的总体尺寸为：长_________、宽__________、高_________；
4. φ52h7圆柱面和φ10孔圆柱面的表面粗糙度代号分别为：____________和_____________；
5. M16×1.5表示大径为_________；螺距为_________的____牙普通螺纹，且螺孔深度为___________。

心轴			比例	数量	材料	(图号)
			1:2	2	45	
设计	(姓名)	(日期)	(学校、专业、班级)			
审核	(姓名)	(日期)				

班级　　　　姓名

7-12 看懂阀体的零件图，将主视图改画成外形图，左视图画成半剖视图，并画出B—B半剖俯视图。

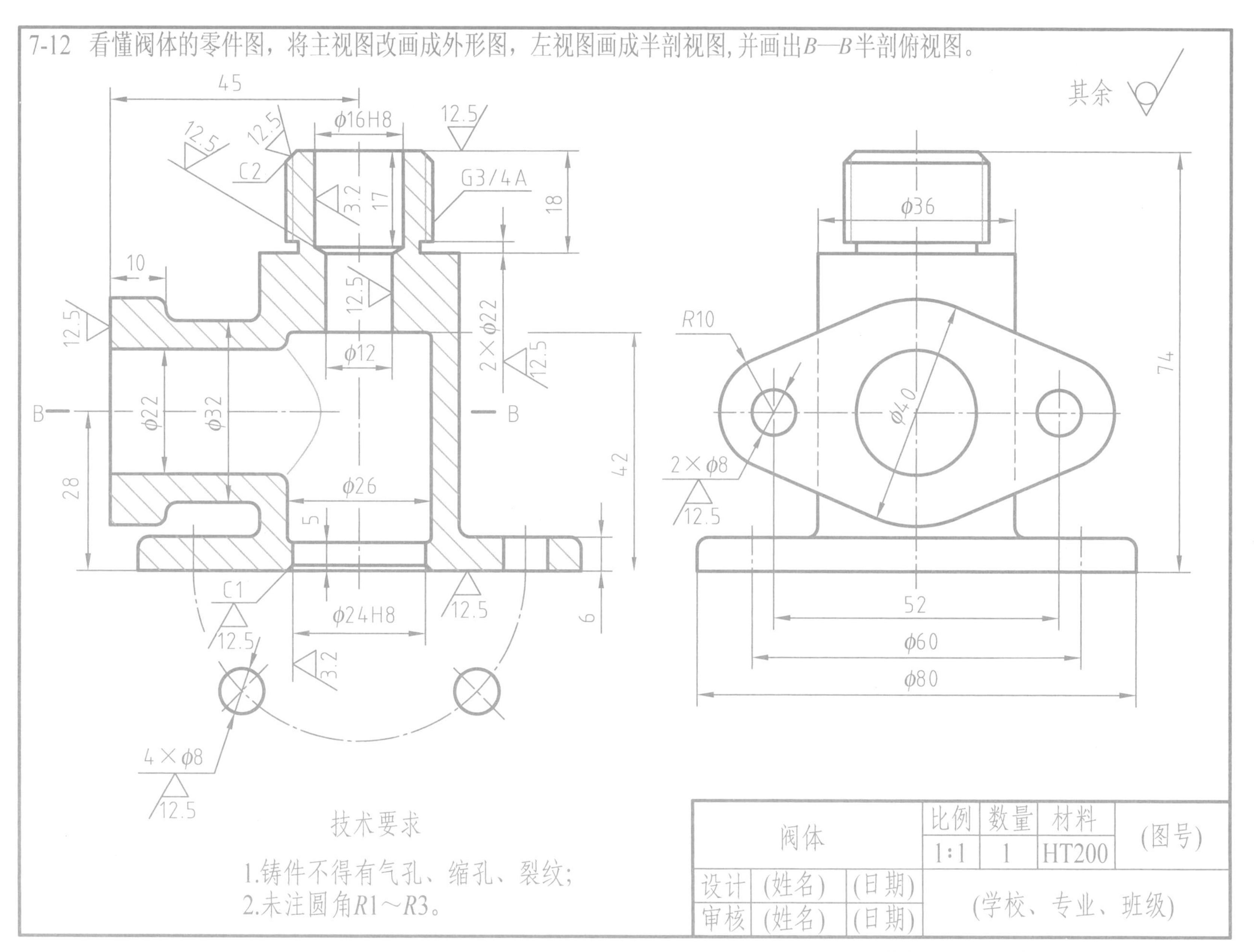

7-13 根据旋塞的装配示意图和零件图，补画其装配图（见7-15题 ）。

装配示意图

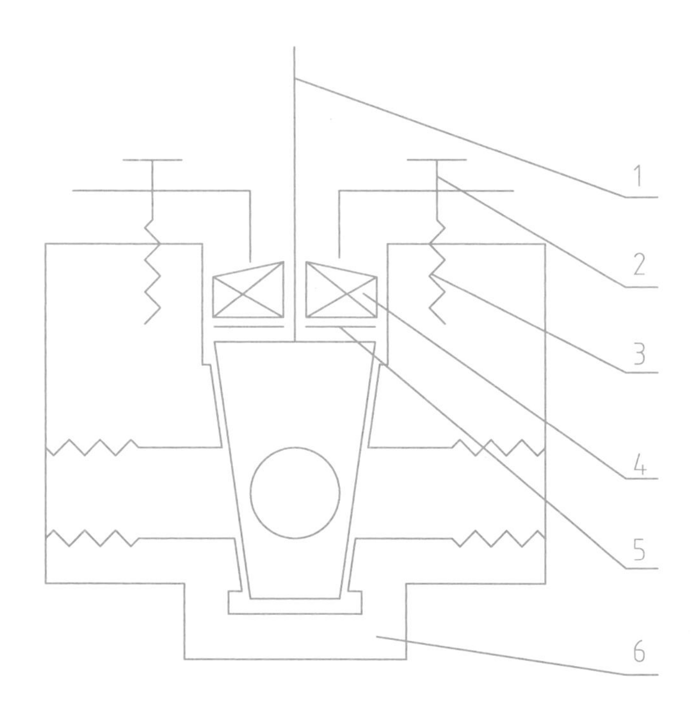

工作原理

旋塞是一种以螺纹连接在管道上的开关装置。当锥塞1上的圆形通孔对准阀体6的管孔时，管路全开；转动锥塞，管路通道逐渐变小；转至90°时，锥塞1堵住阀体6的管孔，则管路关闭(如装配示意图所示位置)。在锥塞1与阀体6之间填满填料4，其上装有填料压盖，拧紧螺钉3可使压盖2压紧填料4，从而达到防止管道泄漏的目的。

技术要求

1. 装配前，全部零件应进行除污、去毛刺等处理；
2. 装配后，旋塞应旋转灵活、无卡阻现象；
3. 装配后，应进行密封性试验。

序号	零件名称	数量	材料
6	阀体	1	HT200
5	垫圈	1	45
4	填料	1	石棉盘根
3	螺钉M10×25	2	35
2	填料压盖	1	HT200
1	锥塞	1	45

旋塞			比例	重量	共 张	(图号)
			1:2		第 张	
设计	(姓名)	(日期)	(学校、专业、班级)			
审核	(姓名)	(日期)				

班级 姓名

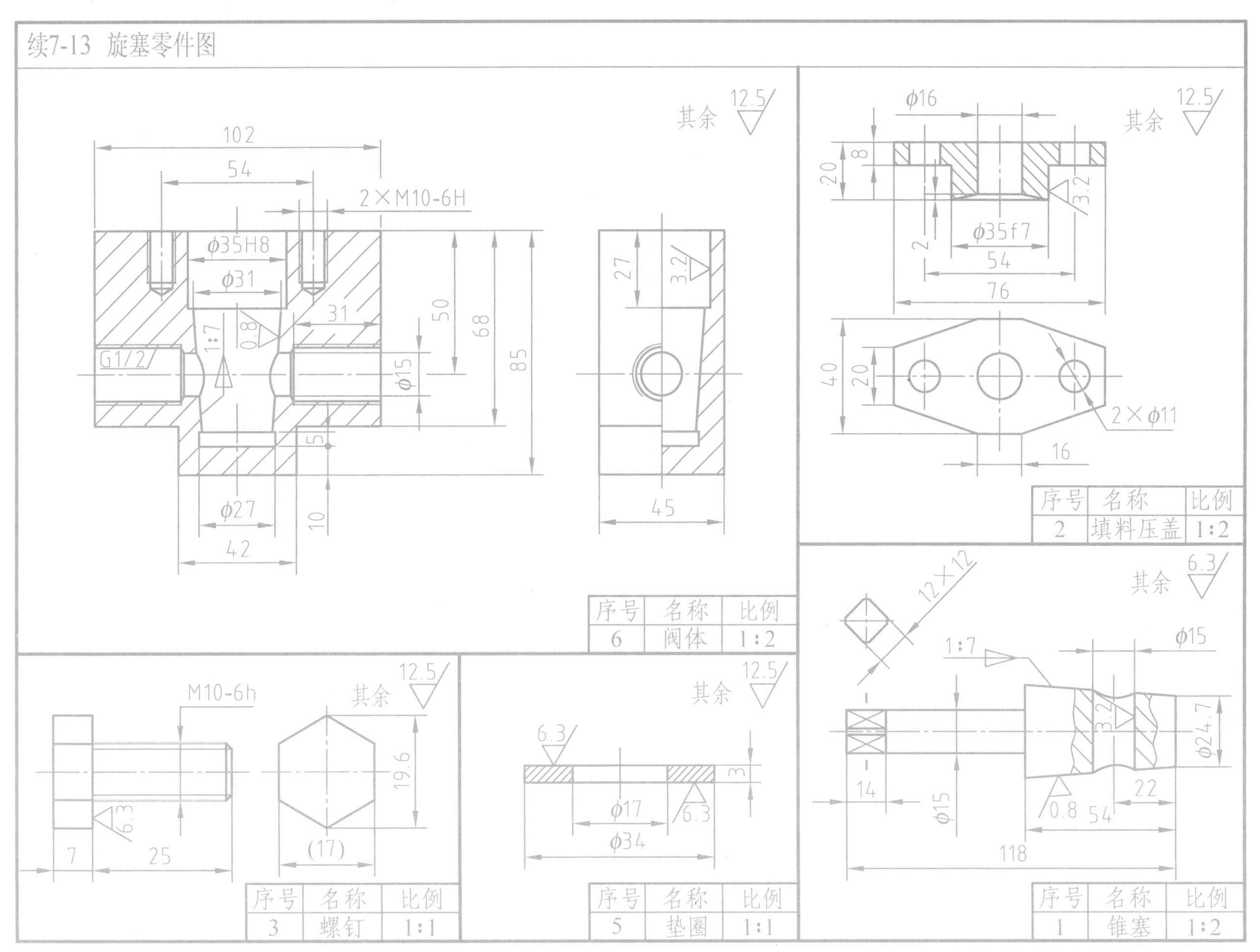
续7-13 旋塞零件图
其余 12.5
102
54
2×M10-6H
φ35H8
φ31
31
1:7
0.8
G1/2
φ15
50
68
85
5
10
φ27
42
27
3.2
45
序号 名称 比例
6 阀体 1:2
φ16
8
20
2
3.2
φ35f7
54
76
40
20
2×φ11
16
序号 名称 比例
2 填料压盖 1:2
M10-6h
6.3
7
25
19.6
(17)
序号 名称 比例
3 螺钉 1:1
6.3
3
φ17
φ34
序号 名称 比例
5 垫圈 1:1
其余 6.3
12×12
1:7
φ15
3.2
φ24.7
14
0.8
54
22
118
序号 名称 比例
1 锥塞 1:2

续7-13 补画全剖的主视图，并填写标题栏。

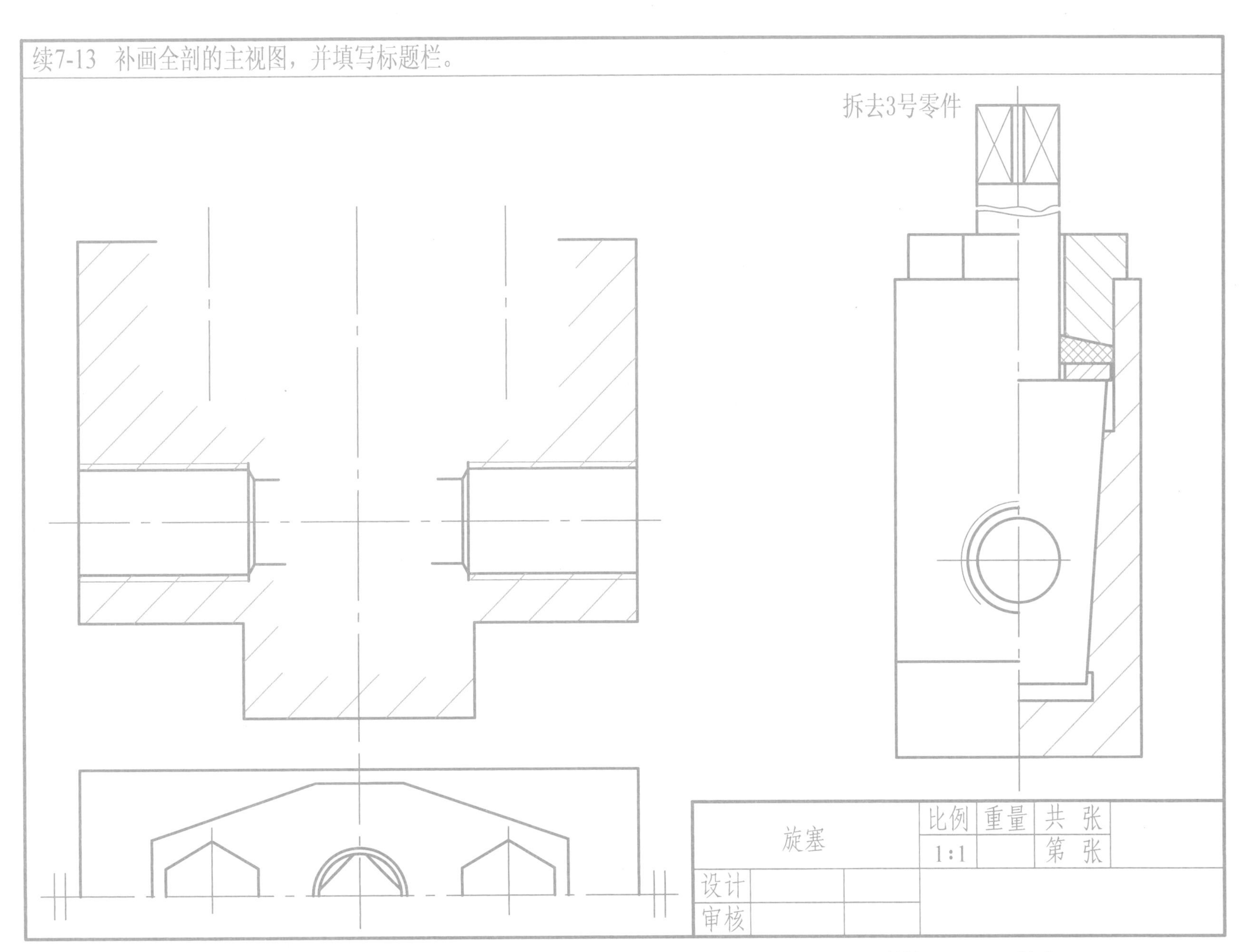

7-14 看懂定滑轮的装配图，并回答问题(见 7-17题)。

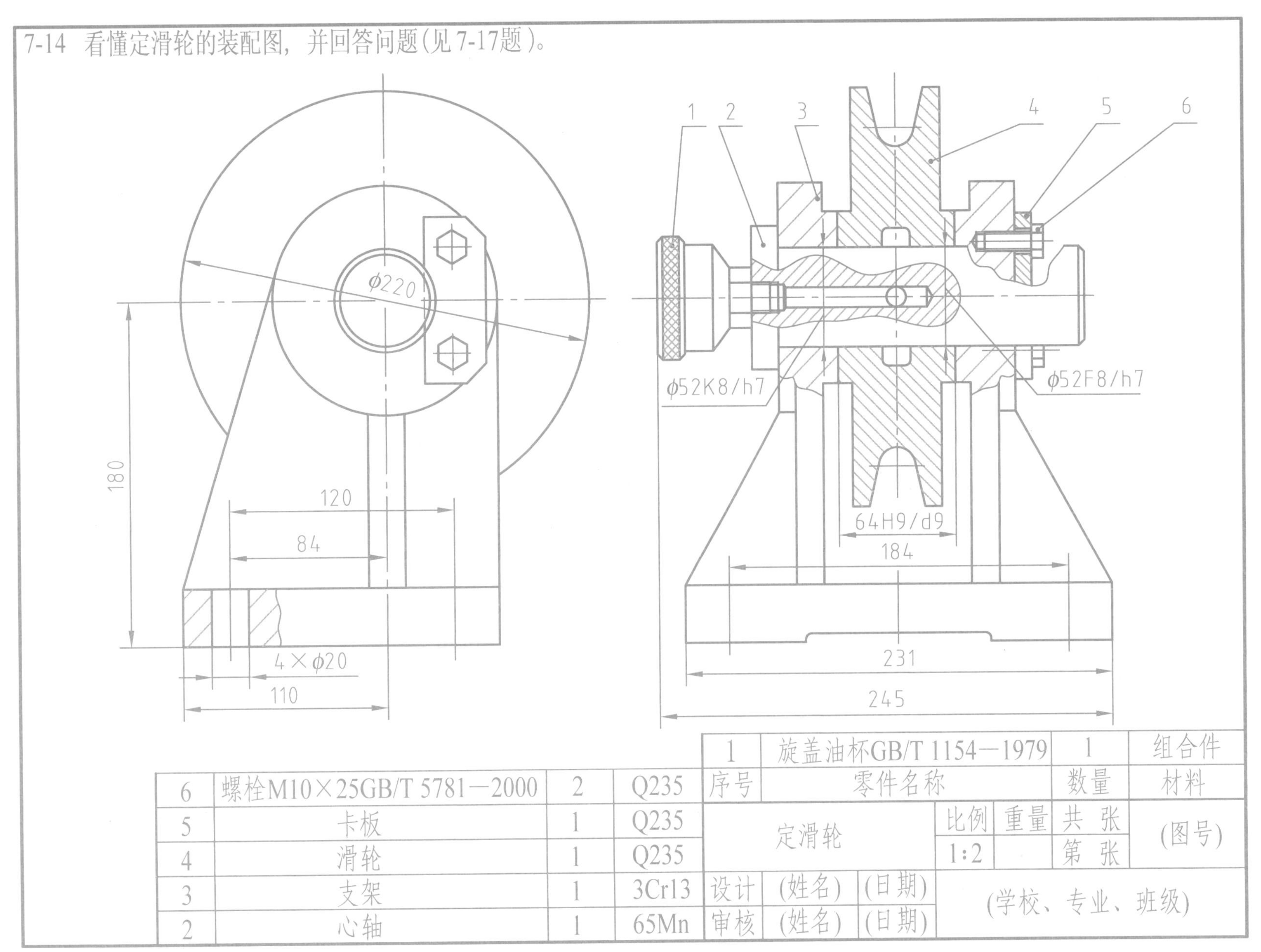

序号	零件名称	数量	材料
6	螺栓M10×25GB/T 5781—2000	2	Q235
5	卡板	1	Q235
4	滑轮	1	Q235
3	支架	1	3Cr13
2	心轴	1	65Mn
1	旋盖油杯GB/T 1154—1979	1	组合件

定滑轮	比例	重量	共 张	(图号)
	1:2		第 张	
设计	(姓名)	(日期)	(学校、专业、班级)	
审核	(姓名)	(日期)		

续7-14

1. 定滑轮的工作原理

定滑轮是一种简单的起吊装置。滑轮4装配在心轴2上可以转动；心轴2由支架3支撑，并通过卡板5和螺栓6(两个)紧固；支架的底板上有四个安装孔，可将定滑轮固定在所需的位置上。将绳索套在滑轮4的槽内，拉动绳索使滑轮转动，从而达到提起重物的目的。

2. 回答问题

(1) 该装配体的名称是________，由______种共______个零件组成，其中标准件有______种。

(2) 该装配体用了______个图形表达，其中主视图采用了________，左视图采用了________。

(3) 卡板5的作用是__________________________________。

(4) 心轴内部开有轴向和径向的圆孔，其作用是____。

(5) 尺寸 ϕ52F8/h7是______号零件和______号零件的________尺寸，它们属于________配合；尺寸64H9/h9是______号零件和______号零件的________尺寸，它们属于________配合。

(6) 尺寸 ϕ52K8/h7是______号零件和______号零件的________尺寸，它们属于________配合。

(7) 支架底板上有_____个安装孔，其尺寸为________，它们的定位尺寸为_____________________。

(8) 该装配体的总体尺寸为:长_________、宽_________、高_________。

7-15 读夹线体的装配图。

1. 夹线体的工作原理

将线穿入开口衬套3中，然后旋转手动压套1，通过螺纹M36×2使手动压套1向右移动，沿锥面接触使开口衬套3向中心收缩，从而夹紧线体。夹紧线体后，开口衬套3还可以与手动压套1和夹套2一起在盘座4的ϕ48孔中旋转。

2. 读图要求

(1)读懂夹线体的装配图；

(2)在指定的位置上，按1:1的比例画出A—A断面图。

A—A

续7-15 夹线体的装配图。

技术要求

1.装配前，全部零件应进行除污、去毛刺等处理；
2.装配后，旋塞应旋转灵活、无卡阻现象；
3.装配后，应进行密封性试验。

4	盘座	1	45
3	开口衬套	1	Q235
2	夹套	1	Q235
1	手动压套	1	Q235
序号	零件名称	数量	材料

夹线体	比例	重量	共 张	(图号)
	1:1		第 张	
设计	(姓名)	(日期)	(学校、专业、班级)	
审核	(姓名)	(日期)		

班级 姓名

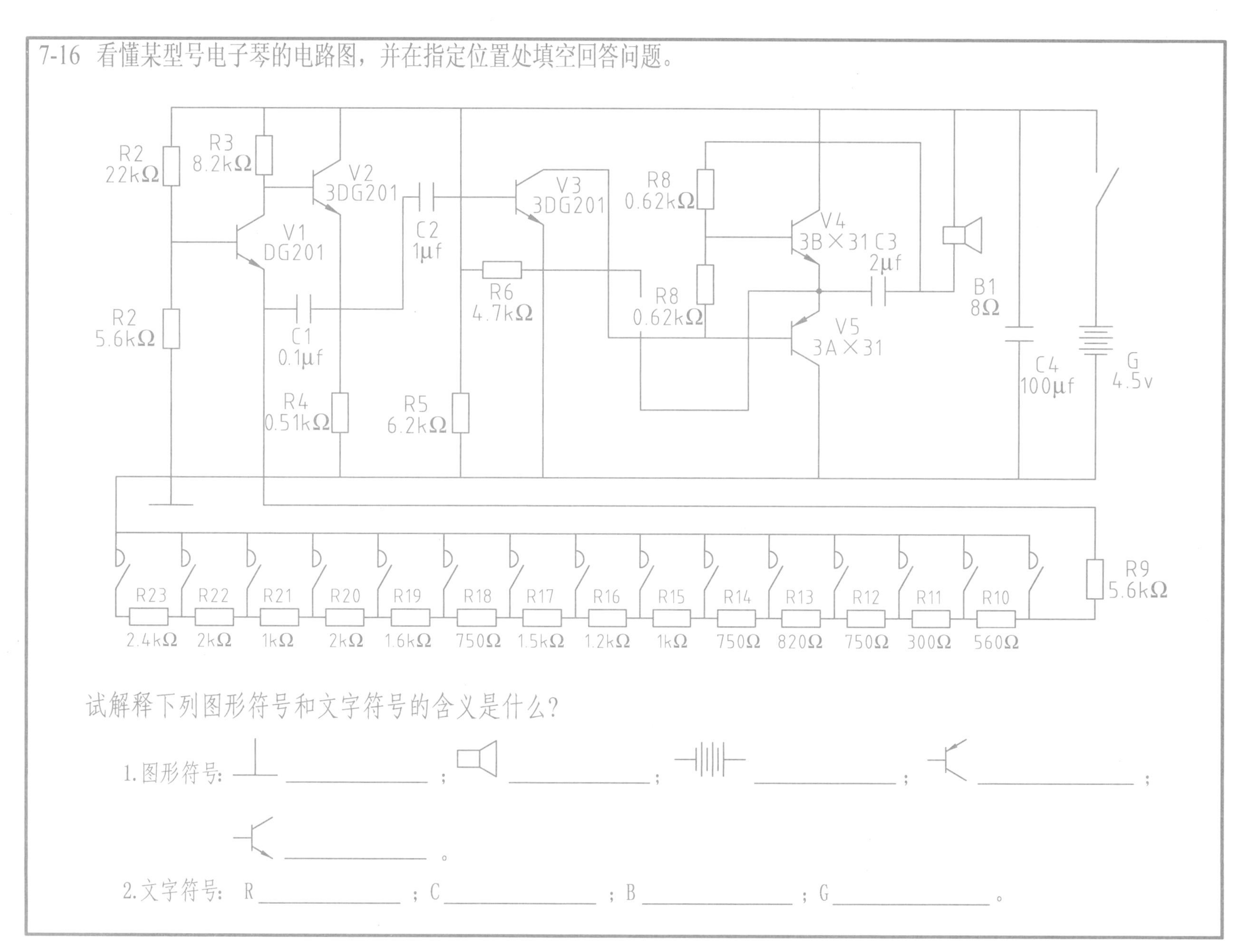
7-16 看懂某型号电子琴的电路图，并在指定位置处填空回答问题。
R2 22kΩ
R3 8.2kΩ
V2 3DG201
V1 DG201
C2 1μf
V3 3DG201
R8 0.62kΩ
V4 3B×31
C3 2μf
R6 4.7kΩ
R8 0.62kΩ
B1 8Ω
R2 5.6kΩ
C1 0.1μf
V5 3A×31
C4 100μf
G 4.5v
R4 0.51kΩ
R5 6.2kΩ
R9 5.6kΩ
R23 2.4kΩ
R22 2kΩ
R21 1kΩ
R20 2kΩ
R19 1.6kΩ
R18 750Ω
R17 1.5kΩ
R16 1.2kΩ
R15 1kΩ
R14 750Ω
R13 820Ω
R12 750Ω
R11 300Ω
R10 560Ω
试解释下列图形符号和文字符号的含义是什么？
1. 图形符号：______；______；______；______；
______。
2. 文字符号：R______；C______；B______；G______。

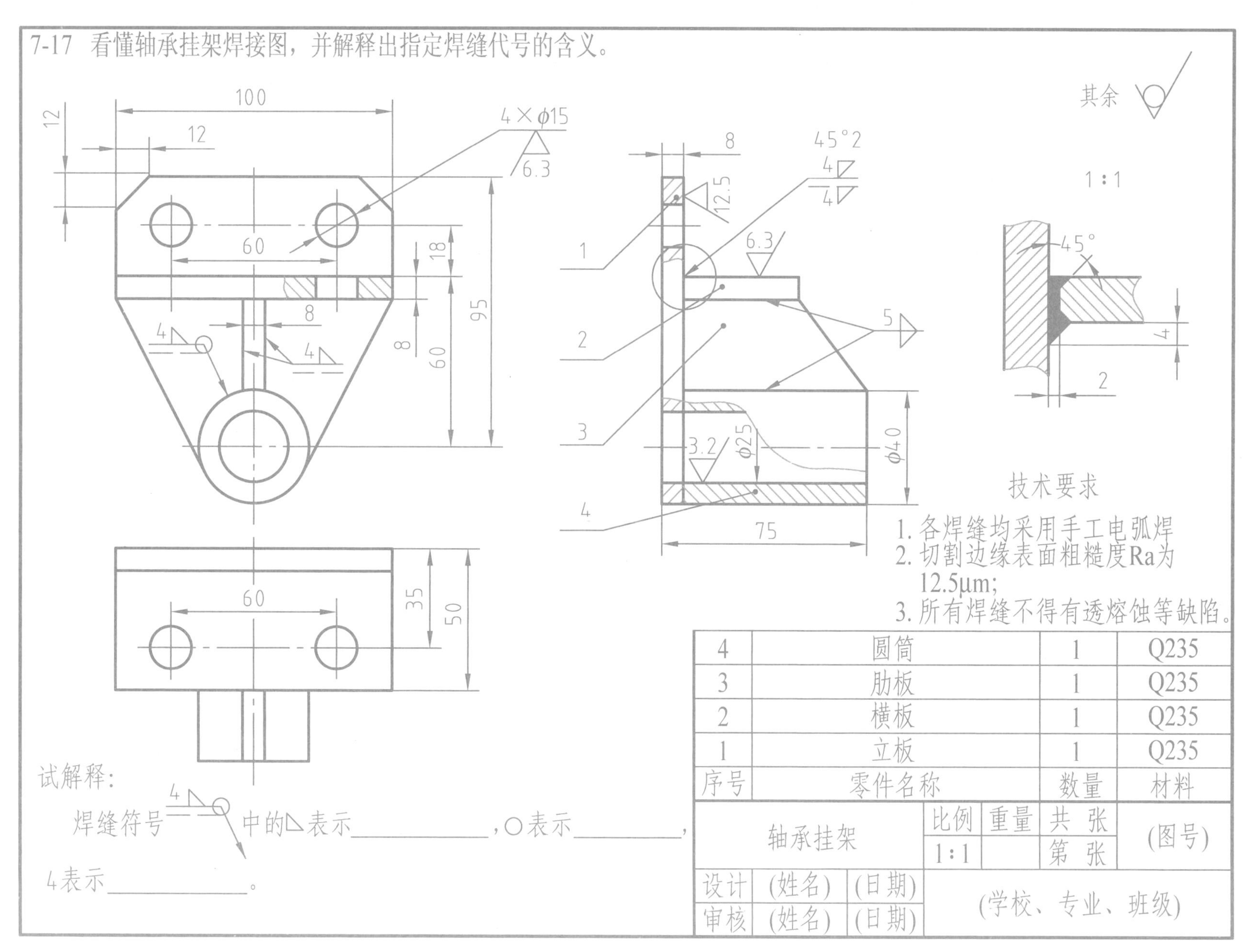
7-17 看懂轴承挂架焊接图，并解释出指定焊缝代号的含义。
其余
1:1
100
12
12
4×ϕ15
6.3
60
18
8
95
60
8
4
4
8
45°2
4
4
12.5
6.3
5
1
2
3
4
3.2
ϕ25
ϕ40
75
45°
4
2
60
35
50
技术要求
1. 各焊缝均采用手工电弧焊
2. 切割边缘表面粗糙度Ra为12.5μm;
3. 所有焊缝不得有透熔蚀等缺陷。
4 圆筒 1 Q235
3 肋板 1 Q235
2 横板 1 Q235
1 立板 1 Q235
序号 零件名称 数量 材料
轴承挂架
比例 重量 共 张
1:1 第 张
(图号)
设计 (姓名) (日期)
审核 (姓名) (日期)
(学校、专业、班级)
试解释：
焊缝符号 中的△表示____，○表示____，
4表示____。

7-18 在指定的位置上用文字说明下列图例、代号的意义。

(1) 图例

____

___________ ___________ ___________

___________ ___________ ___________

___________ ___________ ___________

(2) 代号

150.00 ___________

-3.200 ___________

WB表示___________;

TB表示___________;

CJ 表示___________;

YP表示___________。

7-19 看懂P96页所示的某学校宿舍楼①—⑨立面图，并在指定的位置上填空回答问题。

1. 从图名或轴线的编号可知，该图是表示房屋________向的立面图；其绘图比例为______________。

2. 该宿舍楼的正门在______端，正门的上方有一________窗；东端底层有一________；屋顶女儿墙处有许多孔洞，表示屋面的通风口兼作____________口。

3. 该房屋室外地坪标高为__________，室内外高差为_______m。

4. 该建筑的总高为____________m。

5. 从图中的文字说明可知，西端外墙为__________水泥白灰砂浆粉面及分格；勒脚、门廊柱、窗间墙及女儿墙均为_________粉面。

班级　　　　姓名

续7-19 某学样宿舍楼①-⑨立面图。

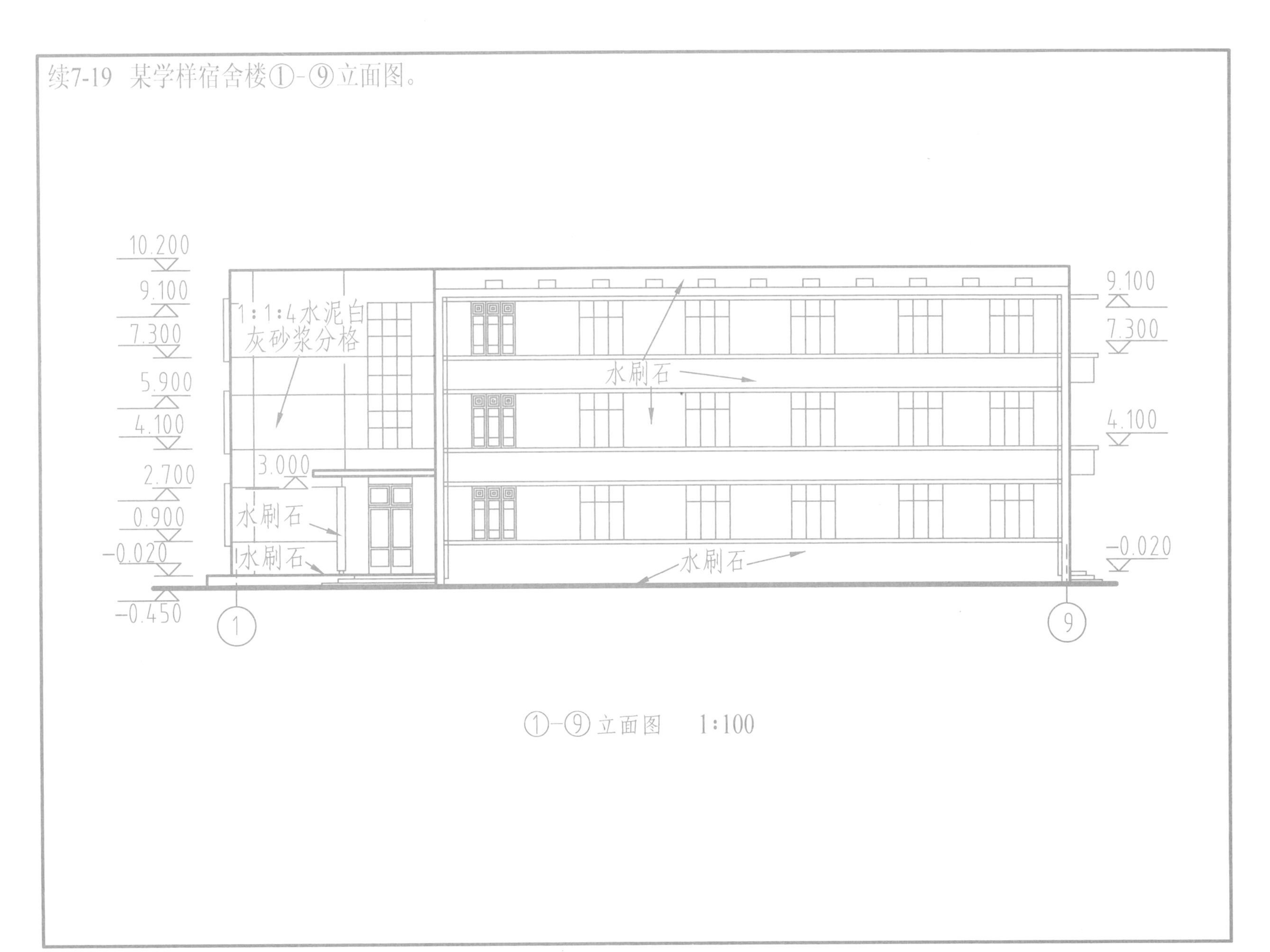

①-⑨立面图 1:100

参考文献

[1] 许永年，覃小斌，王士虎，张卉．工程制图习题集．北京：中央广播电视大学出版社，1999

[2] 汪应凤，许永年，王颂平．机械制图习题集．武汉：华中科技大学出版社，2000

[3] 常明．画法几何及机械制图习题集．武汉：华中科技大学出版社，2004

[4] 胥北澜，阮春红．工程制图习题集．武汉：华中科技大学出版社，2003

[5] 卢健涛．现代工程制图习题集．北京：机械工业出版社，2003

[6] 李蛟，姚春东．工程制图习题集．北京：中国标准出版社，2003

[7] 吕金丽，覃新川，石玲．工程制图习题集．哈尔滨：哈尔滨工程大学出版社，2002

[8] 王金敏，叶时勇．工程制图基础习题集．天津：天津大学出版社，2003

[9] 金大鹰．绘制识读机械图250例．第2版．北京：机械工业出版社，2004

[10] 杨胜强．现代工程制图习题集．北京：清华大学出版社，2004

[11] 李亚萍，姜繁智．机械工程图学习题集．武汉：武汉大学出版社，2004

[12] 邬克农．机械制图习题集．武汉：华中理工大学出版社，1998

[13] 朱泗芳．工程制图习题集．第3版．北京：高等教育出版社，1999

[14] 华中理工大学等院校．画法几何及机械制图习题集．第4版．北京：高等教育出版社，1989